中国工程院咨询研究报告

中国煤炭清洁高效可持续开发利用战略研究

谢克昌／主编

第 1 卷

煤炭资源与水资源

彭苏萍　张　博　王　佟　孟召平 等／编著

科学出版社

北 京

内 容 简 介

本书是《中国煤炭清洁高效可持续开发利用战略研究》丛书之一。

本书从中国含煤盆地的地质特征入手，提出了中国含煤盆地和煤炭资源呈"井"字形分布格局的区划认识；系统分析了中国煤炭资源和水资源的分布特征以及煤炭资源与水资源条件对煤炭资源开发的影响，突出研究了煤炭资源开发对中国生态环境和社会经济的影响；同时注重借鉴美国煤炭资源开发西移的历史经验，并结合中国煤炭资源勘查发展趋势，最终明确了中国煤炭资源开发向西转移的战略布局与实施路径，提出了相应的政策建议。

本书可为煤田地质与勘探、煤炭资源开发、能源经济与管理等领域的科技人员、大专院校师生以及国家相关管理部门提供信息支持和决策参考。

图书在版编目（CIP）数据

煤炭资源与水资源 / 彭苏萍等编著 . —北京：科学出版社，2014.10
（中国煤炭清洁高效可持续开发利用战略研究/谢克昌主编；1）
"十二五"国家重点图书出版规划项目　中国工程院重大咨询项目
ISBN 978-7-03-040332-2

Ⅰ.煤…　Ⅱ.彭…　Ⅲ.①煤炭资源-研究-中国 ②水资源-研究-中国
Ⅳ.①TD82 ②TV211

中国版本图书馆 CIP 数据核字（2014）第 068059 号

责任编辑：李　敏　张　菊　张　震 / 责任校对：宋玲玲
责任印制：徐晓晨 / 封面设计：黄华斌

科 学 出 版 社 出版
北京东黄城根北街 16 号
邮政编码：100717
http://www.sciencep.com

北京京华虎彩印刷有限公司 印刷
科学出版社发行　各地新华书店经销

*

2014 年 10 月第 一 版　　开本：787×1092　1/16
2017 年 1 月第四次印刷　　印张：11 1/2
字数：300 000

定价：150.00 元
（如有印装质量问题，我社负责调换）

中国工程院重大咨询项目

中国煤炭清洁高效可持续开发利用战略研究
项目顾问及负责人

项目顾问

徐匡迪　中国工程院　十届全国政协副主席、中国工程院主席团名誉主席、原院长、院士

周　济　中国工程院　院长、院士

潘云鹤　中国工程院　常务副院长、院士

杜祥琬　中国工程院　原副院长、院士

项目负责人

谢克昌　中国工程院　副院长、院士

课题负责人

第1课题　煤炭资源与水资源　　　　　　　　　　　　彭苏萍

第2课题　煤炭安全、高效、绿色开采技术与战略研究　　谢和平

第3课题　煤炭提质技术与输配方案的战略研究　　　　刘炯天

第4课题　煤利用中的污染控制和净化技术　　　　　　郝吉明

第5课题　先进清洁煤燃烧与气化技术　　　　　　　　岑可法

第6课题　先进燃煤发电技术　　　　　　　　　　　　黄其励

第7课题　先进输电技术与煤炭清洁高效利用　　　　　李立涅

第8课题　煤洁净高效转化　　　　　　　　　　　　　谢克昌

第9课题　煤基多联产技术　　　　　　　　　　　　　倪维斗

第10课题　煤利用过程中的节能技术　　　　　　　　　金　涌

第11课题　中美煤炭清洁高效利用技术对比　　　　　　谢克昌

综 合 组　中国煤炭清洁高效可持续开发利用　　　　　谢克昌

本卷研究组成员

彭北桦　　神华集团有限责任公司　　　　　　　　　　经济师
江　涛　　中国煤炭地质总局　　　　　　　　　　　　工程师
宁建宏　　中国煤炭科工集团有限公司西安研究院　　　所长、教授级高工
孙文洁　　中国矿业大学（北京）　　　　　　　　　　讲师
范立民　　陕西省地质环境监测总站　　　　　　　　　站长、教授级高工
巫健平　　中国煤炭科工集团有限公司西安研究院　　　工程师
马国东　　中国煤炭地质总局　　　　　　　　　　　　教授级高工

序　　一

　　近年来，能源开发利用必须与经济、社会、环境全面协调和可持续发展已成为世界各国的普遍共识，我国以煤炭为主的能源结构面临严峻挑战。煤炭清洁、高效、可持续开发利用不仅关系我国能源的安全和稳定供应，而且是构建我国社会主义生态文明和美丽中国的基础与保障。2012 年，我国煤炭产量占世界煤炭总产量的 50% 左右，消费量占我国一次能源消费量的 70% 左右，煤炭在满足经济社会发展对能源的需求的同时，也给我国环境治理和温室气体减排带来巨大的压力。推动煤炭清洁、高效、可持续开发利用，促进能源生产和消费革命，成为新时期煤炭发展必须面对和要解决的问题。

　　中国工程院作为我国工程技术界最高的荣誉性、咨询性学术机构，立足我国经济社会发展需求和能源发展战略，及时地组织开展了"中国煤炭清洁高效可持续开发利用战略研究"重大咨询项目和"中美煤炭清洁高效利用技术对比"专题研究，体现了中国工程院和院士们对国家发展的责任感和使命感，经过近两年的调查研究，形成了我国煤炭发展的战略思路和措施建议，这对指导我国煤炭清洁、高效、可持续开发利用和加快煤炭国际合作具有重要意义。项目研究成果凝聚了众多院士和专家的集体智慧，部分研究成果和观点已经在政府相关规划、政策和重大决策中得到体现。

　　对院士和专家们严谨的学术作风和付出的辛勤劳动表示衷心的敬意与感谢。

徐匡迪

2013 年 11 月 6 日

序　二

　　煤炭是我国的主体能源，我国正处于工业化、城镇化快速推进阶段，今后较长一段时期，能源需求仍将较快增长，煤炭消费总量也将持续增加。我国面临着以高碳能源为主的能源结构与发展绿色、低碳经济的迫切需求之间的矛盾，煤炭大规模开发利用带来了安全、生态、温室气体排放等一系列严峻问题，迫切需要开辟出一条清洁、高效、可持续开发利用煤炭的新道路。

　　2010年8月，谢克昌院士根据其长期对洁净煤技术的认识和实践，在《新一代煤化工和洁净煤技术利用现状分析与对策建议》(《中国工程科学》2003年第6期)、《洁净煤战略与循环经济》(《中国洁净煤战略研讨会大会报告》，2004年第6期) 等先期研究的基础上，根据上述问题和挑战，提出了《中国煤炭清洁高效可持续开发利用战略研究》实施方案，得到了具有共识的中国工程院主要领导和众多院士、专家的大力支持。

　　2011年2月，中国工程院启动了"中国煤炭清洁高效可持续开发利用战略研究"重大咨询项目，国内煤炭及相关领域的30位院士、400多位专家和95家单位共同参与，经过近两年的研究，形成了一系列重大研究成果。徐匡迪、周济、潘云鹤、杜祥琬等同志作为项目顾问，提出了大量的指导性意见；各位院士、专家深入现场调研上百次，取得了宝贵的第一手资料；神华集团、陕西煤业化工集团等企业在人力、物力上给予了大力支持，为项目顺利完成奠定了坚实的基础。

　　"中国煤炭清洁高效可持续开发利用战略研究"重大咨询项目涵盖了煤炭开发利用的全产业链，分为综合组、10个课题组和1个专题组，以国内外已工业化和近工业化的技术为案例，以先进的分析、比较、评价方法为手段，通过对有关煤的清洁高效利用的全局性、系统性、基础性问题的深入研究，提出了科学性、时效性和操作性强的煤炭清洁、高效、可持续开发利用战略方案。

　　《中国煤炭清洁高效可持续开发利用战略研究》丛书是在10项课题研究、1项专题研究和项目综合研究成果基础上整理编著而成的，共有12卷，对煤炭的开发、输配、转化、利用全过程和中美煤炭清洁高效利用技术等进行了系统的调研和分析研究。

　　综合卷《中国煤炭清洁高效可持续开发利用战略研究》包括项目综合报告及10个课题、1个专题的简要报告，由中国工程院谢克昌院士牵头，分析了我国煤炭清洁、高效、可持续开发利用面临的形势，针对煤炭开发利用过程中的一系列重大问题进行了分析研究，给出了清洁、高效、可持续的量化指标，提出了符合我国国情的煤炭清洁、高效、可持续开发利用战略和政策措施建议。

第1卷《煤炭资源与水资源》，由中国矿业大学（北京）彭苏萍院士牵头，系统地研究了我国煤炭资源分布特点、开发现状、发展趋势，以及煤炭资源与水资源的关系，提出了煤炭资源可持续开发的战略思路、开发布局和政策建议。

第2卷《煤炭安全、高效、绿色开采技术与战略研究》，由四川大学谢和平院士牵头，分析了我国煤炭开采现状与存在的主要问题，创造性地提出了以安全、高效、绿色开采为目标的"科学产能"评价体系，提出了科学规划我国五大产煤区的发展战略与政策导向。

第3卷《煤炭提质技术与输配方案的战略研究》，由中国矿业大学刘炯天院士牵头，分析了煤炭提质技术与产业相关问题和煤炭输配现状，提出了"洁配度"评价体系，提出了煤炭整体提质和输配优化的战略思路与实施方案。

第4卷《煤利用中的污染控制和净化技术》，由清华大学郝吉明院士牵头，系统研究了我国重点领域煤炭利用污染物排放控制和碳减排技术，提出了推进重点区域煤炭消费总量控制和煤炭清洁化利用的战略思路和政策建议。

第5卷《先进清洁煤燃烧与气化技术》，由浙江大学岑可法院士牵头，系统分析了各种燃烧与气化技术，提出了先进、低碳、清洁、高效的煤燃烧与气化发展路线图和战略思路，重点提出发展煤分级转化综合利用技术的建议。

第6卷《先进燃煤发电技术》，由东北电网有限公司黄其励院士牵头，分析评估了我国燃煤发电技术及其存在的问题，提出了燃煤发电技术近期、中期和远期发展战略思路、技术路线图和电煤稳定供应策略。

第7卷《先进输电技术与煤炭清洁高效利用》，由中国南方电网公司李立涅院士牵头，分析了煤炭、电力流向和国内外各种电力传输技术，通过对输电和输煤进行比较研究，提出了电煤输运构想和电网发展模式。

第8卷《煤洁净高效转化》，由中国工程院谢克昌院士牵头，调研分析了主要煤基产品所对应的煤转化技术和产业状况，提出了我国煤转化产业布局、产品结构、产品规模、发展路线图和政策措施建议。

第9卷《煤基多联产技术》，由清华大学倪维斗院士牵头，分析了我国煤基多联产技术发展的现状和问题，提出了我国多联产系统发展的规模、布局、发展战略和路线图，对多联产技术发展的政策和保障体系建设提出了建议。

第 10 卷《煤炭利用过程中的节能技术》，由清华大学金涌院士牵头，调研分析了我国重点耗煤行业的技术状况和节能问题，提出了技术、结构和管理三方面的节能潜力与各行业的主要节能技术发展方向。

第 11 卷《中美煤炭清洁高效利用技术对比》，由中国工程院谢克昌院士牵头，对中美两国在煤炭清洁高效利用技术和发展路线方面的同异、优劣进行了深入的对比分析，为中国煤炭清洁、高效、可持续开发利用战略研究提供了支撑。

《中国煤炭清洁高效可持续开发利用战略研究》丛书是中国工程院和煤炭及相关行业专家集体智慧的结晶，体现了我国煤炭及相关行业对我国煤炭发展的最新认识和总体思路，对我国煤炭清洁、高效、可持续开发利用的战略方向选择和产业布局具有一定的借鉴作用，对广大的科技工作者、行业管理人员、企业管理人员都具有很好的参考价值。

受煤炭发展复杂性和编写人员水平的限制，书中难免存在疏漏、偏颇之处，请有关专家和读者批评、指正。

谢克昌

2013 年 11 月

前　言

　　能源是国民经济和社会发展的基础，能源安全是中国政府和社会普遍关注的重大问题。中国的能源问题首先必须立足于煤炭——这一我国最经济、最可靠、最稳定、最可调和最安全的主体能源。煤炭资源的保障是煤炭工业发展的基础，是煤炭资源开发利用的前提条件，也是实现中国煤炭清洁、高效、可持续开发利用的立足点。

　　从煤炭资源的角度审视，实现中国煤炭资源的可持续开发，必须着力解决至少三个层面的问题。

　　第一，煤炭资源的可持续开发。煤炭资源开发的可持续性主要表现为煤炭资源供给在未来较长一段时间内的可接续性。煤炭资源属于耗竭性资源，一旦被开采利用，其实物形态将会永远消失。然而，国民经济的发展必须依赖于煤炭资源的开发利用，因而煤炭资源的实物消耗具有必然性。可持续的煤炭资源开发要求尽可能谨慎地对待煤炭资源的耗用，以便其在被"后续资源"所替代之前，仍能保持资源的持续供给。因此，可持续的煤炭资源开发要求煤炭资源在开发过程中尽可能地减少浪费，提高资源回收率，同时减少对其他资源（如煤层气、土地、水）的连带破坏和浪费，并通过技术进步，充分挖掘既定的煤炭资源中的"附加价值"。

　　第二，煤炭资源开发在生态系统的可持续承载能力之内。煤炭资源开发受开采地质条件和水资源的约束，同时也会对生态环境产生影响甚至破坏。煤炭资源的可持续开发意味着在资源开发的过程中，尽可能少地威胁到区域生态承载能力，实现环境友好和生态协调的资源开发，使得煤炭资源开发对环境的影响在生态系统的可持续承载范围之内。因此，煤炭资源的可持续开发应将生态承载力视为基本的约束，最大限度地减少煤炭资源勘探开发对水资源和生态环境的影响和破坏。

　　第三，煤炭资源开发促进社会经济的可持续发展。煤炭资源得到开发的同时，促进地区社会经济发展是实现区域可持续发展的必然要求。然而，一旦政策失当，或机制上存在缺陷，则完全有可能使得煤炭资源开发并不能充分融入地区经济，甚至影响当地的社会稳定。实现煤炭资源开发与当地社会经济持续、稳定而又协调的发展，要求依据区域煤炭资源赋存特点、生态环境现状、区域社会经济发展的不同阶段和地区特点等基本特征，通过调整和改革与可持续发展要求不相符合的政策，建立适应区域社会经济发展的煤炭资源开发模式。

因此，探讨煤炭资源的可持续发展问题，不仅需要考虑煤炭资源的可持续性，还应评估煤炭资源开发对水资源、生态环境、社会经济的影响及后者对前者的约束，使上述各方协调可持续发展。

改革开放以来，中国经济快速发展的同时，对煤炭资源的需求也日益增加。"十五"以来，中国煤炭产量快速增长，开发强度大幅提升。全国煤炭产量由2001年的11.1亿t，快速增加到2010年的32.4亿t，年均增加超过2.0亿t。2011年全国煤炭产量达到35.2亿t的历史新高。资源开发规模和开发强度的不断加大给中国煤炭资源的保障带来了巨大压力。一方面，煤炭资源地理分布不均且勘探程度较低，资源开发又受到复杂地质构造、瓦斯、水害等的严重制约；另一方面，煤炭资源的分布还与区域经济发展水平不相适应，与水资源呈逆向分布，广大富煤区生态环境又十分脆弱。煤炭资源保障能力受到开采技术条件、水资源、生态环境要素、区域地理经济条件等多重因素的制约。

"煤炭资源与水资源"课题研究根据项目组的总体要求和课题任务，以科学发展观为指导，全面贯彻以人为本，全面、协调、可持续的煤炭工业发展方针，采取国内和国外相结合、整体分析和重点区域分析相结合、子课题和综合组研究相结合的研究方法，以最新的地质勘探成果作为研究的基本依据，并广泛开展实地调研工作。

在历时近两年的研究过程中，课题研究从中国含煤盆地的地质特征入手，提出了中国含煤盆地和煤炭资源呈"井"字形分布格局的区划认识，系统分析了中国煤炭资源分布特征、水资源分布特征以及煤炭资源与水资源条件对煤炭资源开发的影响，同时突出研究了煤炭资源开发对中国生态环境和社会经济的影响，并注重借鉴美国煤炭资源开发西移的历史经验，最终根据中国煤炭资源勘查发展趋势，明确了中国煤炭资源开发向西转移的战略布局与实施路径，提出了相应的政策建议。

本书是集体智慧的结晶。"煤炭资源和水资源"课题的研究，始终得到中国矿业大学（北京）、中国煤炭地质总局、神华集团、煤炭资源与安全开采国家重点实验室、陕西省地质调查院、中国煤炭工业协会、中国煤炭科工集团西安研究院、中国矿业大学、中国工程院、北京联合大学等（恕不一一列出）单位的领导和专家的大力支持和协助，在此一并致谢！由于本课题的研究时间较短，研究任务较重，研究内容上很难做到完全充分，敬请批评指正！

彭苏萍
2013年12月

目　　录

第1章 | 中国含煤盆地的地质特征

1.1 含煤盆地的分布特点

中国大陆主体是由塔里木、扬子、华北3个规模较大、构造活动相对稳定的古板块及夹杂其中的众多小规模微陆块经历一系列复杂构造运动逐渐拼合而成的。同时，伴随大陆形成和造山带崛起，在盆-山耦合构造格局下发育了一系列分布广泛、数量众多、规模不一的各类型盆地。其中，部分盆地在其形成演化过程中，于适当的古气候、古构造、古沉积环境等多因素耦合作用下，形成了丰富的煤炭资源而与其他盆地相区别，成为含煤盆地。中国的煤炭资源赋存于不同地质时期的不同类型的含煤盆地中，以其巨大的资源量著称于世。

据统计，我国含煤盆地数量达 300 个以上（莽东鸿等，1994；金世雄和牟相欣，1997）。我国含煤盆地虽然数量众多，但其具有规模和分布上的不均一性。从图 1-1 可

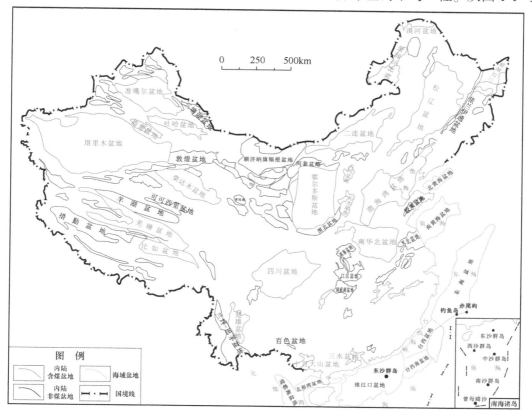

图 1-1　中国大陆地区含煤盆地分布图

以看出，我国含煤盆地在大陆各区域均有分布，不仅有准噶尔、塔里木、鄂尔多斯、二连、松辽、四川盆地等大型含煤盆地，还有吐鲁番-哈密（吐哈）、焉耆、大同、沁水、海拉尔、漠河、楚雄、十万大山等中小型含煤盆地。

石炭-二叠纪的含煤盆地主要分布在中国东部，其中，以晚石炭世、早二叠世为主的华北盆地和以晚二叠世为主的华南盆地，是中国最重要的晚古生代巨型含煤盆地。

晚三叠世含煤盆地多分布于中国南部，即川、滇、赣、湘、粤等省，其次有鄂尔多斯东北部、西藏昌都、羌塘和新疆的塔里木北缘等地。

早、中侏罗世含煤盆地的总面积仅次于华北、华南盆地，除准噶尔盆地和鄂尔多斯盆地外，其他盆地面积都不大并较分散，但其煤炭资源量却很大。例如，吐鲁番-哈密盆地和塔里木盆地北缘地区都很著名；另外，华北北部、东北地区以及大同、京西、辽西、大青山、大兴安岭、大杨树和西部的河西走廊等地都有煤分布。其中，鄂尔多斯盆地的煤约占一半。

早白垩世含煤盆地多为分散而成群出现的小盆地，最大的有海拉尔-二连盆地群。此外，东到鸡西—鹤岗，西到北山地区西部，也有零星的含煤盆地分布。此类盆地的展布面积很大，约有45万km²。其中包括了上百个大小不等的盆地，各盆地含煤性有明显的差异，大者，单个盆地内即有煤炭100亿t以上。

古近纪和新近纪的含煤盆地分布在中国东部滨太平洋沿海地区，少数隐伏于东海、南海水域之下，另外还分布于横断山脉南部。其分布有的以成群出现为特点，小而分散，如滇西、滇东地区新近纪的盆地即是，以中新世成煤较好。北方（以东北为主）地区则是以古近纪成煤盆地为特点，一般为褐煤。

在规模上，含煤盆地有明显的区域分布不均衡性，总体上以秦岭-大别山构造带为界，呈现"北多南少"、不均一性的分布格局。秦岭—大别山以北除中小型含煤盆地以外，还包括众多大型含煤盆地，且主要集中于东北、华北以及西北的阿尔金山以西地区；而秦岭—大别山以南除四川盆地这一大型含煤盆地之外，其余均为中小型含煤盆地，且分散于赣中、闽北、闽西、滇西南以及两广南部近海地区。

从聚煤量来看，华北盆地、鄂尔多斯盆地均超过15 000亿t；华南、准噶尔、吐鲁番-哈密、塔里木北缘和海拉尔-二连盆地（群）可达1000亿~8000亿t；其他含煤盆地绝大多数为几十亿吨、几亿吨和更小的类型。

按面积划分，巨型（大于100万km²）含煤盆地有华北、华南两个晚古生代盆地；大型（10万~100万km²）含煤盆地主要是早、中侏罗世盆地，包括鄂尔多斯和塔里木北缘盆地，晚三叠世的四川盆地也属此型；其他中型（1万~10万km²）和小型（小于1万km²）的含煤盆地在数量上占多数，都是中、新生代的产物，前述各地的盆地群均属此类型（莽东鸿等，1994）。

1.2　主要含煤盆地沉积类型及特点

1.2.1　沉积类型

根据构造稳定程度、主要沉积环境及沉积组合，中国含煤盆地的沉积类型主要可划分为 4 种，即地台区海陆交互相含煤沉积、过渡区海陆交互相含煤沉积、内陆拗陷盆地含煤沉积和断陷盆地含煤沉积（莽东鸿等，1994）。前两种均属近海型沉积，宏观上都具有下细上粗的反向韵律结构，沉积相带的展布以单边式结构为主。地台区海陆交互相含煤沉积的最大特点为厚度薄、含煤系数高、岩性简单稳定；过渡区海陆交互相含煤沉积则以厚度大、韵律性强、岩性复杂多变、含煤性差、煤层层数多而薄为其特点。内陆拗陷、断陷盆地含煤沉积属陆相沉积，两者垂向沉积序列均具粗—细—粗完整的韵律结构，沉积相带的平面展布多为封闭式的环状或半环状，边缘冲积扇发育，岩性、厚度、含煤性变化大，所不同的是后者受同沉积断裂作用控制，分割性大，活动性较强，前者沉积一般较为稳定。

含煤沉积类型在时间上有明显的变化规律：晚古生代以地台区海陆交互相沉积为主；晚三叠世以过渡区海陆交互相沉积为主，其次为内陆拗陷盆地沉积；早、中侏罗世主要为内陆拗陷盆地沉积；早白垩世、古近纪和新近纪主要为内陆断陷及拗陷盆地沉积。这种演变反映了成煤环境由海向陆变迁的过程。这种变迁过程的出现还与成煤植物由海生演化为近海和陆生的过程密切相关。

内陆断陷盆地，较多地出现于晚中生代、古近纪和新近纪。盆地演化中有 5 套沉积组合：①盆地初始充填期的底部粗碎屑冲积物段，主要为冲积扇砂砾岩沉积，总体向上变粗，局部含薄煤层，横向变化大，盆缘断裂处厚度最大，向盆地中心变薄。②明显分化期的含煤碎屑岩段和湖相段，垂向上明显表现出水进序列特征，横向上含煤碎屑岩分布于盆地的周缘，向盆地中心过渡为湖相沉积。③最大水进和湖泊快速充填期的湖相细碎屑岩段，由巨厚的浅湖与深湖细碎屑岩组成。④全面淤浅期的含煤碎屑岩段，湖泊快速充填和全面淤浅形成的河流、冲积扇、三角洲、浅水湖泊和沼泽的含煤碎屑沉积，巨厚煤层和大面积分布的煤层多赋存于此段，可采煤层累计厚度大于 50 m 者常见。⑤结束充填期的顶部粗碎屑冲积物段，主要为冲积扇沉积，夹薄煤，在许多盆地充填序列中缺少本段。

古近纪和新近纪盆地的沉积类型，基本上可划分为 5 种。

第一类型，总体为一水进序列，由冲洪积相-湖泊相含煤细碎屑组成，如昭通组、小龙潭组。当这种序列稳定单一时，含煤性较好，复杂多变时，含煤性变差，如合浦营盘等地。以昭通盆地昭通组为例：该组由下部砾岩段、中部含煤段和上部砂质黏土段组成，在含煤段中赋存特厚煤层（最厚达 193.77 m），煤层结构由简单至复杂，含煤沉积具有明显的三段式结构。

第二类型，总体为湖相细碎屑岩与含煤细碎屑岩相交替的序列，古近纪和新近纪许多含煤盆地发育这类序列，在南方这类序列中的煤层以薄而多为其特征，且常与油页岩共生。以广西百色盆地为例：含煤地层主要为那读组，其次为上覆的百岗组。那读组自下而上划分为 3 段，下段由淡水湖相灰岩、泥灰岩夹少量细碎屑岩组成，含煤多达 16 层，煤层总厚 8.44 m；中段为主要含煤段，为一套湖相细碎屑岩夹煤层组成，含煤多达 66 层，基本上以薄煤层为主；上段为深湖相泥岩段。百岗组整合于那读组之上，为一套浅湖相细碎屑岩夹煤层与油页岩层、含油砂岩，含煤多达 33 层，可采 11 层。

第三类型，为粗、细碎屑岩的重复叠加，表现出环境不太稳定的特点，所以煤层发育不太好，如黑龙江的宝泉岭、达连河盆地，但云南景东大街盆地却有较厚的煤层。

第四类型，为火山岩及火山碎屑岩沉积与含煤细碎屑岩沉积的一种组合。由于聚煤期火山活动频繁，聚煤条件被破坏，所以形成的煤层厚度较小，如浙江宁海盆地嵊县群和福建漳浦等盆地的佛昙群；有的盆地由于火山间隙时间较长，环境较稳定，也可形成近 20 m 的厚煤层，如张北城关盆地煤层厚度为 18.5 m。

第五类型，为海陆交互相含煤碎屑沉积，发生于沿海的一些盆地，由于覆水较深，含煤性差，如台湾盆地。

由于环境和沉积类型的变化，沉积物的岩性组合也呈现出明显的差异：晚古生代主要为碳酸盐岩、碎屑岩交互含煤沉积组合及含煤碎屑岩夹碳酸盐岩沉积组合；晚三叠世除发育晚古生代的沉积组合外，还出现了陆相含煤碎屑岩沉积组合；侏罗纪主要为陆相含煤碎屑岩沉积组合；早白垩世及古近纪和新近纪除发育陆相含煤碎屑岩沉积组合外，尚在部分盆地中发育了近海含煤碎屑岩沉积组合和火山喷发-含煤碎屑岩沉积组合。

以上沉积类型和含煤沉积组合的演化趋势，均就总体的、主要的聚煤作用而言，实际上陆相含煤沉积在中国早古生代就有出现，近海型含煤沉积在古近纪和新近纪也有局部分布。

1.2.2　沉积特征

我国主要含煤盆地及含煤地层情况见表 1-1（莽东鸿等，1994）。

表 1-1　中国主要含煤盆地及含煤地层一览表

时代	盆地	主要含煤地层	厚度/m
晚石炭-早二叠世	华北	○山西组 P_1	40~150
		○太原组 C_2	50~200
早石炭-晚二叠世	华南	○龙潭组 P_2	120~400
		○童子岩组 P_1	200~800
		○测水组 C_1	180~400
	昌都	巴贡组 T_3	1100~1700
		○妥坝组 P_2	420~1780
		马查拉组 C_1	1080
晚三叠世	四川	○须家河组 T_3	400~550
		○小塘子组 T_3	20~960
	滇中	干海子组 T_3	360~500
		○火把冲组 T_3	220~690
	赣中	安源组 T_3	260~850
	羌塘	土门格拉组 T_3	1100~1700
早-中侏罗世	鄂尔多斯	延安组 J_2	200~500
		瓦窑宝组 T_3	150~200
	准噶尔	西山窑组 J_2	150~1000
		八道湾组 J_1	200~1000
	吐鲁番-哈密	西山窑组 J_2	380~1000
		八道湾组 J_1	270~450
	塔里木北缘	克孜勒努尔组 J_2	400~600
		阳霞组 J_1	200~400
		塔里奇克组 T_3	55~950

时代	盆地	主要含煤地层	厚度/m
早-中侏罗世	塔里木东南	康苏组 J_1	200~1000
	大同 *	大同组 J_2	200~530
	京西 *	下花园组 J_{1-2}	150
		窑坡组 J_{1-2}	130~770
	大杨树 *	九峰山组	270~420
	辽西 *	北票组 J_1	1000
	田师傅-杉松岗 *	大堡组 J_2	300~480
		长梁子组 J_1	155
		杉松岗组 J_1	>230
	塔里木西南	康苏组 J_1	140~1500
	伊犁	水西沟群 J_{1-2}	505~1250
	尤尔都斯	水西沟群 J_{1-2}	460~560
	焉耆	塔什店组 J_2	520
		哈满沟组 J_1	120~360
	库米什	克拉苏群 J_{1-2}	1300~1500
	木里	木里组 J_2	150~1000
	西宁	窑街组 J_2	40~300
	大兴安岭	万宝组 J_2	400~900
		红旗组 J_1	720~1000
	定日	普那组 J_{1-2}	1350~7780
	鱼卡	大煤沟组 J_2	780
		小煤沟组 J_1	300
	大青山 *	召沟组 J_2	920~1000
		五当沟组 J_1	600~700
	河西走廊	窑街组 J_2	170
早白垩世	鸡西-鹤岗	穆棱组 K_1	300~600
		城子河组 K_1	500~1000
		○云山组 K_1	400~1000
	阜新-营城	营城组 K_1	880~1420
		沙河子组 K_1	225~330
		阜新组 K_1	660~1200
	元宝山 *	元宝山组 K_1	200~300
	海拉尔-二连 *	伊敏组 K_1	300~500
		巴彦花组 K_1	1000~1200
		霍林河组 K_1	1700
	长白山	长安组 K_1	200~900
		石人组 K_1	200~700
		长财组 K_1	440
		火石岭组 J_3	50~350

时代	盆地	主要含煤地层	厚度/m
古近纪和新近纪	依兰-舒兰	舒云组 E_2	660
		达连河组 E	360~740
	抚顺-桦甸	抚顺组 E_{1-3}	440~2190
		梅河群 E_{1-3}	900~1200
	门士	门士组 E_2	1200
	日喀则	秋乌组 E_2	290~380
	台湾	○南庄组 N_1	650~1000
		○石底组 N_1	300~500
		○木山组 E_3~N_1	550~600
	滇东*	昭通组 N_2	450~480
		小龙潭组 N_1	500~720
	滇西*	范棒组 N_2	—
		双河组 N_1	—
		三号沟组 N_1	—
	百色-南宁*	百岗组 E_{2-3}	205~700
		那读组 E_{2-3}	1150
	十万大山*	那读组 E_{2-3}	320~1240
	雷琼*	长坡组 N_1	365
		黄牛岭组 N_1	170
		油柑窝组 E_{2-3}	130

○夹海相地层；* 煤层地群。

资料来源：莽东鸿等，1994

1.2.2.1 石炭-二叠纪含煤盆地

该含煤盆地主要为华北、华南盆地，均为在稳定地块上形成的近海拗陷、稳定型盆地。含煤沉积为海陆交互相和陆相，聚煤规模大，尤其是华北盆地，为中国最重要的一个煤炭工业基地。分布于新疆、秦岭和藏东等地的陆间活动带盆地，聚煤规模极小。

华北盆地位于阴山—长白山和秦岭—大别山之间，与一般所称"中朝准地台"、"华北地台"的范围大致相当，主要含煤地层为晚石炭世太原组、早二叠世山西组。华南盆地的北、西面分别与秦岭—大别山、龙门山为邻。早石炭世、早二叠世晚期和晚二叠世均聚煤，以晚二叠世聚煤面积最大，龙潭组含煤性最好，含煤层位也较稳定。总体显示出含煤较普遍，但煤层薄、聚煤不均匀、构造较复杂的特点。川、黔、滇一带和湘中北部为聚煤中心。华南盆地虽然聚煤时间较长，规模也较大，但其复杂的构造背景、古地理条件和局部的火山活动，决定了盆地内含煤沉积均匀性和广泛性均较差，聚煤强度远逊于华北盆地。

1.2.2.2　晚三叠世含煤盆地

晚三叠世含煤盆地主要分布在南方，聚煤规模较小，主要有华南西部的川、滇近海拗陷盆地，其次为华南东部的一些盆地和藏东、滇西地区的盆地。含煤沉积主要属陆相和海陆交互相，聚煤环境主要有近海大型拗陷和滨海-潟湖环境，此外还有内陆山间谷地、山间湖盆等，古地理条件复杂。

1.2.2.3　早-中侏罗世含煤盆地

该含煤盆地主要分布于中国北方地区，基本上可划分为大型内陆湖盆型（如鄂尔多斯、准噶尔、吐鲁番-哈密盆地）、内陆山间湖盆型（包括山前拗陷盆地，如塔里木北缘、塔里木西南、塔里木东南和伊犁、焉耆、库米什、尤尔都斯盆地）、内陆山间谷地型（如木里、鱼卡盆地）和火山间隙含煤碎屑沉积盆地型（如京西、北票、万宝盆地）几种，以大型内陆湖盆型最为重要。含煤沉积形成于不同规模、不同类型的内陆拗陷、断陷盆地之中，其中鄂尔多斯和准噶尔拗陷盆地是世界上少有的煤炭蕴藏量极为丰富的特大型内陆含煤盆地。

1.2.2.4　早白垩世含煤盆地

内蒙古东部和东北三省是聚煤作用最强的地区，以山间断陷盆地（如海拉尔-二连盆地群内的许多盆地）资源最丰富，其次为近海拗陷盆地（如鸡西-鹤岗盆地）和山间拗陷盆地，火山岩型煤盆地资源量最少。沉积类型主要为陆相沉积，以其厚度大、煤层多并在东北部分地区夹有火山碎屑沉积为特征。区内盆地分为两类：一类是没有或少有同期火山活动的山间湖泊盆地、山间谷地，煤炭资源量较大；另一类为强烈火山活动环境下的盆地，以其岩性和岩相变化大、煤层不够稳定、火山岩夹层多、煤炭资源量少为特点。

1.2.2.5　古近纪和新近纪含煤盆地

该含煤盆地主要分布在东部和南部近海、沿海省份。约以 30°N 线为界，北、南部分别以古近纪和新近纪聚煤为主（云南聚煤北部以上新世为主，南部以中新世为主）。古近纪含煤盆地主要分布于大兴安岭—太行山以东和秦岭—大别山以北地区，广西南部、西藏、广东和云南亦有少量分布；绝大部分新近纪含煤盆地位于云南境内，组成滇东、滇西两个盆地群，其中 10 多个盆地经济价值较大，如昭通、寻甸先锋、开远小龙潭盆地等。

上述古近纪和新近纪含煤盆地除分布上的差异外，还在分布密度、展布方向、盆地面积与含煤面积等方面有显著的差异：古近纪盆地分布较零散，主要呈北东方向；新近纪盆地多成群分布，展布方向有南北（云南）、北西西（广西、西藏）和北东（台湾），盆地展布方向多受当地基底构造方向的控制；古近纪盆地的面积多大于新近纪盆地面积。沉积类型除台湾盆地外几乎均属陆相；以细碎屑岩为主，粗碎屑岩较少，有的夹有丰富的油页岩、硅藻土。

1.3　含煤盆地构造类型及特点

从不同角度看，我国含煤盆地的构造可划分为不同类型（毛节华和许惠龙，1999）。

从盆地构造成因角度看，我国盆地可划分为拗陷与断陷两个基本类型（表1-2）。巨型、大型及多数中型盆地为拗陷成因，断陷盆地多为小型。

表1-2　部分煤层成因类型分类表

时代	拗陷型	断陷型
C-P	华北、华南	
T₂	四川	滇中、赣中
J₁₋₂	鄂尔多斯、准噶尔、吐鲁番-哈密、塔里木北缘、大同、宁武	塔里木西南、塔里木东南
K₁	鸡西-鹤岗、呼山、呼和浩特、额和宝力格、乌尼特、西白彦花	霍林河、伊敏、白音华、陈旗、西胡里吐、黑城子、赛汗塔拉、扎赉诺尔、吉林郭勒、巴彦宝力格、阜新、营城
E	珲春	黄线、百色、南宁
N	姚安	先锋

资料来源：莽东鸿等，1994

按断陷盆地盆缘断裂的性质，可分挤压型（向盆内逆冲推覆）和引张型（裂陷盆地）两种，前者如四川、准噶尔、吐鲁番-哈密、塔里木北缘、塔里木西南、塔里木东南盆地，后者如海拉尔-二连盆地群内的多数盆地和阜新、百色、云南寻甸等盆地。

中国大陆及陆棚区，处于西伯利亚、古太平洋和印度三大板块在不同地质时期、从不同方向向中部不均衡挤压（间有拉张）的特别环境中，内蒙古、环太平洋、喜马拉雅三大构造带分别反映了三大板块的作用，它们对于盆地的展布及盆地的演化和稳定性以及成盆后的改造，具重要作用，有时是决定性的作用。按构造环境划分盆地的类型见表1-3。

表1-3　按构造环境划分盆地类型

盆地分类		举例
板内盆地（克拉通盆地）	以太古、元古宇结晶岩地块为基底的盆地	华北大部，华南西北部，塔里木北缘，鄂尔多斯，四川
	以固结的古生代地槽褶皱带为基底的盆地	准噶尔，吐鲁番-哈密
板缘盆地（活动大陆边缘的盆地）		大杨树，大兴安岭，辽西，京西，大青山
陆间活动带及岛弧、裂谷盆地		天山-兴安，秦岭，攀西，台湾

资料来源：莽东鸿等，1994

第 2 章 | 中国煤炭资源的分布特征

2.1 煤炭资源"井"字形分布格局

　　中国含煤盆地具有明显的区域分布不均衡性，表现为以秦岭-大别山构造带为界，呈"北多南少"的分布格局。煤炭资源丰富且分布相对集中的大规模含煤盆地主要包括东北赋煤区的海拉尔-二连盆地、松辽盆地，西北赋煤区的塔里木盆地、准噶尔盆地，华北赋煤区的鄂尔多斯盆地、渤海湾盆地、南华北盆地以及华南赋煤区的四川盆地等。从地理分布来看，我国含煤盆地和煤炭资源总体均受东西向展布的天山-阴山构造带、昆仑-秦岭-大别山构造带和南北向展布的大兴安岭-太行山-雪峰山构造带、贺兰山-六盘山-龙门山构造带控制，具有"两横"和"两纵"相区隔的"井"字形分布特征（图 2-1）。

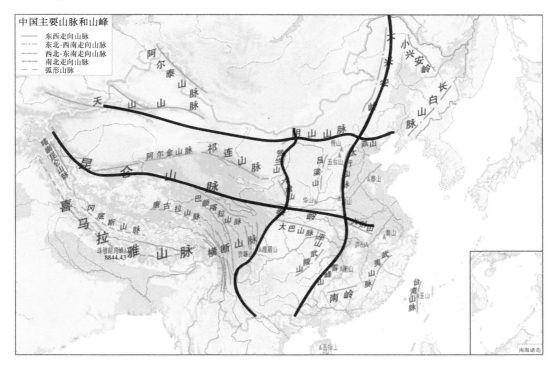

图 2-1　"两横两纵"构造带分布示意图

　　按照"井"字形区划格局，我国煤炭资源赋存地区可以被划分为九大区域（图 2-2）：①东北区（辽、吉、黑含煤区）；②黄淮海区（冀、鲁、豫、京、津、苏北、皖北含煤区）；③东南区（闽、浙、赣、苏南、皖南、鄂、湘、粤、桂、琼含煤区）；④蒙东区（内蒙古东部含煤区）；⑤晋陕蒙（西）宁区［晋、陕、甘（陇东）、宁、内蒙古西部含煤区］；⑥西南区（云、贵、川东、渝含煤区）；⑦北疆区（新疆北部含煤区）；⑧南疆-甘青区［青、甘（河西走廊）、新疆南部含煤区］；⑨藏区（藏、滇西、川西含煤区）。

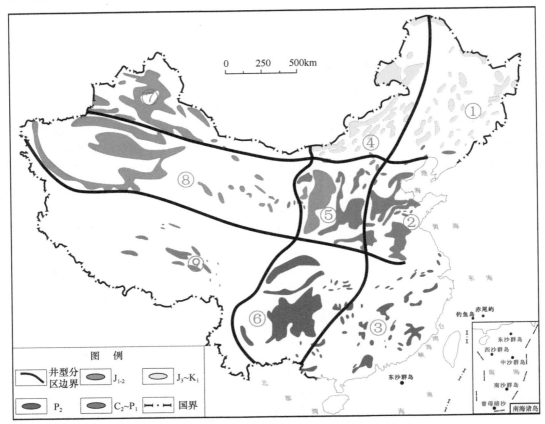

图 2-2   "井"字形区划格局示意图

如果按照东部、中部和西部进行划分，东北区、黄淮海区和东南区属于东部，蒙东区、晋陕蒙（西）宁区和西南区属于中部，北疆区、南疆-甘青区和西藏区均属于西部。对比传统上按聚煤环境划分的五大聚煤区，"井"字形的划分格局更为细致，并进一步地区分了我国不同区域煤炭资源赋存状况和赋存条件的差异。东北区和蒙东区基本属于传统上的东北赋煤区；晋陕蒙（西）宁区和黄淮海区基本属于华北聚煤区；东南区和西南区基本属于华南聚煤区；北疆区和南疆-甘青区基本属于西北聚煤区；西藏区可以归于滇藏聚煤区。"井"字形中心区域恰好是我国煤炭资源最为富集的晋陕蒙（西）宁地区。

值得指出的是，"井"字形的区划格局不仅很好地辨识了我国含煤盆地和煤炭资源的聚集和分布特征，又与区域自然环境特征以及地区经济发展水平紧密相关，并结合了我国的行政区划。传统上，天山—阴山、昆仑山—秦岭—大别山、贺兰山—龙门山和大兴安岭—太行山—雪峰山又是我国地理、地形、生态环境、气候、水资源的分界线（田山岗等，2006）。我国区域经济、社会发展水平差异显著，也具有明显的分带性：东部经济发达，中部经济中等，西部经济欠发达；南部相对发达，北部相对滞后。我国煤炭资源分布的"多"和"少"又恰与地区经济的发达程度成逆相关，"西煤东运"、"北煤南运"便是煤炭资源区域分异现象与经济区域分异性相悖的具体表现。因此，本研究将主要根据"井"字形的自然区划格局进行论述。

2.2　煤炭资源地质条件

我国大陆主体是由华北、塔里木、扬子 3 个规模较大、相对稳定的古板块以及夹杂其中的规模较小的微陆块先后经历一系列盆-山耦合机制下的构造运动逐渐拼接而成的，不仅形成现今我国煤炭地质"井"字形构造分区格局，同时也导致我国煤炭地质条件比较复杂，尤其是不同分区的煤系分布特征、赋存状况以及煤系后期构造变形特征各具特色，具有明显的差异，地质条件不同程度制约煤炭资源勘查开发工作（毛节华和许惠龙，1999）。

地质条件决定了中国的煤种类丰富，其煤岩煤质变化多样（王煦曾等，1992）。西南诸省份早石炭世和东南诸省份二叠纪所产煤以无烟煤为主。华北地区晚石炭世及早二叠世，以及西南诸省份晚二叠世所产煤以中变质烟煤为主，局部地区有低变质烟煤和无烟煤。西南几省份晚三叠世煤以中变质烟煤为主。西北地区早-中侏罗世煤以低变质烟煤为主。内蒙古晚白垩世及东北地区、南方古近纪和新近纪以褐煤为主。我国南方以高变质无烟煤为主，但含硫分过高。北方以中低变质烟煤和褐煤为主；而气煤、贫瘦煤储量较少，尤其质量好的肥煤、焦煤和瘦煤则更少。

褐煤主要分布于东北和西南两大片区，包括内蒙古的呼伦贝尔市、锡林郭勒盟、通辽市、赤峰市，黑龙江东部、吉林东部、辽宁中部和云南的东部。其次，在山东、广西、广东、海南和四川等省（自治区）也有较大的蕴藏量。在地史上以早白垩世、古近纪和新近纪为主，中侏罗世只有局部保存了褐煤。东北地区多属老年褐煤（HM_2），云南东部多为年轻褐煤（HM_1）。

长焰煤、不黏煤和弱黏煤主要分布于西北、华北和东北地区，以内蒙古、新疆、陕西、宁夏、山西最为重要，其次甘肃、辽宁、河北、黑龙江、吉林、河南资源也比较丰富。成煤时代以早-中侏罗世分布面积最广、资源量最大，其次为早白垩世，石炭-二叠纪及古近纪和新近纪仅见于个别矿区。

贫煤、无烟煤主要集中在山西、河南、贵州和四川。石炭纪和二叠纪煤田是贫煤和无烟煤的重要产地。

2.2.1　东北区

东北区主要包括东北辽宁、吉林、黑龙江 3 省。本区域煤炭资源赋存总体特征：属东北聚煤区，各地煤层厚薄不一，一般而言辽宁有厚-巨厚煤层，黑龙江以薄-中厚煤层为主；主要成煤期为早白垩世，其次为古近纪和新近纪及石炭-二叠纪，主要分布在黑龙江三江地区和辽西地区；矿区构造一般属中等复杂程度，多数无火成岩影响；顶、底板工程地质条件简单至中等，新生界表土层覆盖不厚，一般为 0~50 m。重要矿区包括鹤岗、双鸭山、七台河、阜新、抚顺、铁法等。

2.2.1.1 含煤地层及煤层

石炭–二叠纪含煤地层太原组、山西组零星分布，且多为生产老矿区，主要分布在辽西、辽东太子河、吉林南部，资源有限，资源丰度一般为 200 万~800 万 t/km²，主要煤层厚 1.45~3.35 m，结构中等，煤层较稳定。

早白垩世含煤地层为区内主要含煤地层，黑龙江东部三江穆棱河盆地为海陆交互相含煤地层，煤层层数多而薄，分布稳定。其他地区多为陆相断陷盆地，主要含煤地层为沙河子组与营城组、杏园组与元宝山组、奶子山组与乌林组、沙海组与阜新组。以元宝山组及奶子山组含煤性较好，常有巨厚煤层产出，有时厚度超过 100m。煤层较稳定–稳定，结构中等至较复杂。资源丰度变化较大，富煤带一般大于 2000 万 t/km²，最高达 5900 万 t/km²，分叉变薄带则仅为 35 万 t/km²。

古近纪始新世–渐新世的抚顺群、杨连屯组，含巨厚褐煤层与油页岩；达连河组、舒兰组，含多层薄煤；梅河组、桦甸组含薄–中厚煤层；珲春组、宝泉岭组含可采煤层 5 层；虎林组含 1~2 层可采薄煤层。古近纪煤层厚度变化大，常有巨厚煤层产出，煤层单层厚一般 1.3~3.5 m，最厚达 54 m，沈北、抚顺矿区的煤层厚度一般在 8 m 以上，煤层较稳定，结构较复杂–复杂。

2.2.1.2 煤田构造

东北区处于华北地台北东台缘和内蒙古–大兴安岭褶皱带。辽西和浑江–辽阳石炭–二叠纪含煤区受华北地台北东缘强挤压变形构造影响，呈北东向零星分布，如南票、红阳、本溪、浑江、长白等煤产地；后期改造强烈，地层倾角大，一般为 35°；断层发育，主要有北西、北东两组；岩浆岩对煤层的影响较严重，构造复杂，多属于中等–复杂构造类型。

受库拉–太平洋板块和欧亚板块相互作用的影响，在侏罗纪和早白垩世形成了一系列断陷盆地群，如北票、阜新–长春、铁法–康平等，单个盆地规模小，构造复杂。黑龙江东部在早白垩世为大型近海型含煤盆地——三江–穆棱含煤区，构造线走向南部（鸡西）为近东西，中部（勃利）为北西–北东东，褶皱较宽缓，断裂发育。一般倾角较平缓，多为 12°~15°，局部达 40° 以上，有岩浆侵入，对煤层产生较明显的影响，构造属中等偏复杂。

古近纪含煤盆地主要分布于环太平洋构造西带北段，有以北北东走向为主的佳伊、抚顺–沈北、珲春、敦化、虎林等断陷盆地，一般煤层倾角平缓，构造简单，属于中等偏简单。

从总体上看，东北三省煤田开采技术条件简单，煤层埋深中等，上覆松散层厚度中等；水文地质条件相对简单，仅浑江煤田、鸡西穆棱王开西区、鹤岗东部普查、西岗子等区较为复杂，属基岩裂隙水和构造裂隙水，工程地质条件中等，顶、底板多为泥岩、粉砂岩，易风化成碎块或产生底鼓。瓦斯问题比较突出，煤层瓦斯含量及矿井瓦斯涌出量均高，一般为 15 m³/ (t·d)，最高达 109.3 m³/ (t·d)，本溪、红阳、浑江等矿区均为高沼矿井，曾多次发生瓦斯突出。无地温热害，唯鸡西矿区有些矿井随着水平延深，开采面温度已达 40~50℃。

东北区主要煤炭基地含煤地层概况见表 2-1。

表 2-1　东北区主要煤炭基地含煤地层条件概况

煤炭基地	矿区	含煤地层	特征
蒙东 （东北）	鸡西、七台河、双鸭山	白垩系城子河组与穆棱组	以薄煤层为主，煤层顶、底板较稳定，构造中等-复杂，为低-高瓦斯矿井，水文地质条件中等
	鹤岗	白垩系石头庙组与石头河组	以中厚或厚煤层为主，顶、底板较稳定，构造中等，为高瓦斯矿井，水文地质条件中等，南部复杂
	阜新、铁法	白垩系阜新组	以厚煤层为主，顶、底板不稳定，构造复杂，为高瓦斯矿井，水文地质条件中等
	沈阳	古近系杨连屯组	以厚煤层为主，顶、底板不易管理，构造中等，为高瓦斯矿井，水文地质条件简单
	抚顺	古近系抚顺组	为特厚煤层，煤层赋存稳定，结构简单，顶、底板不易管理，构造简单，为高瓦斯矿井，水文地质条件简单

2.2.1.3　煤类煤质

本区主要成煤期为早白垩世，其次为古近纪、新近纪和石炭-二叠纪，主要分布在黑龙江三江地区和辽西地区。煤类以炼焦煤、低级烟煤（长焰煤、不黏煤、弱黏煤）、贫煤、无烟煤为主，多为中灰、低硫，煤质较好。石炭-二叠纪煤以气煤为主，南部浑江、长白山一带因受区域岩浆热影响，有无烟煤产出。大兴安岭两侧的早白垩世煤均为褐煤，伊通—依兰以东，以低变质烟煤为主；三江-穆棱含煤区因受岩浆岩影响，出现变质程度较深的以中变质烟煤为主的气煤、肥煤、焦煤。古近纪和新近纪煤以褐煤类为主，有少量长焰煤。各类煤多属中高灰分、低硫、低磷煤。红阳、南票矿区煤的硫分较高，全硫 1.07%~4.44%，其他多为小于 1.0% 的特低硫煤；灰分中等偏高，一般为17%~32%，古近纪煤灰分较高，为 20%~38%，吉林珲春、舒兰等矿区灰分达 35% 以上。

黑龙江具有二叠系、侏罗系、白垩系、古近系、新近系 5 类成煤地层。煤类齐全，有褐煤、长焰煤、不黏煤、弱黏煤、1/2 中黏煤、气煤、1/3 焦煤、肥煤、焦煤、瘦煤、贫煤、无烟煤等煤类，煤质优良，为低硫、低磷，主要为中高灰煤。吉林煤类分布多样，从褐煤、各级烟煤至无烟煤均有存在，而且少数地区还有石墨分布，同一煤田内可存在多个煤类，但煤类分布具有一定规律，一般呈带状分布，且呈北东向带状展布。省内煤炭资源相对较少。辽宁煤类从褐煤到各级烟煤和无烟煤均有分布，且具有明显的分带特点。

本地区是我国开展煤田预测最早的地区，煤田地质研究工作程度和勘查工作程度较高，除三江平原地区外煤炭资源增加的潜力已相当有限。

2.2.2 黄淮海区

黄淮海区主要包括太行山以东地区。本区域煤炭资源赋存总体特征：属华北聚煤区，主要成煤期为石炭-二叠纪，水文地质条件中等-复杂。黄淮海区包括河北、山东、河南、北京、天津5省（直辖市）和江苏北部地区及安徽北部地区，重要矿区有开滦、峰峰、兖州、新汶、枣庄、平顶山、郑州、永夏、徐州、淮北、淮南等。

2.2.2.1 含煤地层及煤层

本区主要含煤地层为石炭-二叠纪太原组、山西组，太原组以海陆交互相沉积为主，35°N以南厚度变薄，可采总厚一般不足3 m。山西组以三角洲-潮坪体系沉积为主，含煤1~3层，太行山东麓鲁西南等地发育较好，主采煤层厚达3~6 m。一般稳定，少数区稳定性差，结构简单-中等。

早二叠世下石盒子组为陆相沉积，35°N以北基本不含可采煤层，以南于山东、安徽南部开始形成可采煤层，自北向南增多，厚度变大。上二叠统上石盒子组在两淮、平顶山一带含可采煤层，厚2~6 m。一般较稳定，结构简单。

古近纪含煤地层有鲁东黄县组/五图组和豫东的东营、馆陶组等。以鲁东黄县组/五图组较为重要。

2.2.2.2 煤田构造

晚古生代煤系后期变形特征分属内环伸展变形区。构造变形强烈，从西向东，鲁西北、鲁中、鲁西南至徐淮，以断块构造为其特征，断层密集，局部推覆构造发育，褶皱紧密，构造中等-复杂。中生代岩浆岩侵入比较广泛，煤的区域岩浆热和接触变质规律明显。一般为中等偏复杂-复杂类型，煤层倾角一般在20°左右，局部可达60°，个别评价单元受岩浆岩影响严重，煤类变为无烟煤和天然焦。分布于黄县一带的古近纪和新近纪盆地区内总体构造线方向北东东，煤层倾角5°~7°。

开采技术条件总体属于中等偏复杂，主采煤层埋深一般为500~1200 m。邯邢、安鹤、焦作煤田多为大水矿区，山东、两淮地区松散层厚度大，最厚超过800 m，煤矿瓦斯含量高，多为高瓦斯和瓦斯突出矿井。

黄淮海区主要煤炭基地地质条件概况见表2-2。

表2-2 黄淮海区主要煤炭基地地质条件概况

煤炭基地	矿区	含煤地层	特征
河南	鹤壁、焦作、郑州	二叠系山西组、石炭系太原组	煤层以厚煤层为主，赋存稳定，结构简单，倾角缓，一般小于10°，构造简单，一般为高瓦斯矿井，水文地质条件简单
	义马	侏罗系义马组、二叠系石盒子组、山西组和石炭系太原组	
	平顶山	二叠系石盒子组、山西组和石炭系太原组	
	永夏	二叠系石盒子组、山西组	

续表

煤炭基地	矿区	含煤地层	特征
鲁西	兖州、济宁、新汶、枣滕、淄博、肥城、临沂、巨野和黄河北	二叠系山西组和石炭系太原组	各矿区以厚煤层为主，顶板为较稳定-稳定，底板一般为较坚固-坚固，个别矿区部分巷道有底鼓，除淄博矿区各矿井为高瓦斯矿井外，其余矿区均为低瓦斯矿井，各矿区煤尘均具有爆炸危险性，水文地质条件简单-中等
冀中	龙口	古近系黄县组	
	峰峰、邯郸、邢台、井陉、平原	二叠系山西组和石炭系太原组	煤层以厚煤层为主，赋存稳定，顶、底板稳定，构造简单-中等，低-高瓦斯矿井，水文地质条件复杂
	开滦	二叠系大庄组、石炭系赵各庄组	
	蔚县、宣化下花园、张北	侏罗系延安组	以中厚煤层为主，煤层埋藏浅，且赋存稳定和较稳定，顶、底板中等稳定，煤层倾角 $5°\sim10°$，地质构造中等，低-高瓦斯矿井，煤尘具有爆炸危险性，水文地质条件简单-复杂
两淮	淮北、淮南	二叠系石盒子组、山西组	以厚煤层和中厚煤层为主，煤层赋存稳定和较稳定，结构一般为简单，一般为缓倾斜煤层。顶板较易管理，地质构造简单；淮北矿区除临涣区为高瓦斯矿井外，其他均为低瓦斯矿井；淮南矿区基本为高瓦斯矿井和煤与瓦斯突出矿井。水文地质条件简单

2.2.2.3 煤类煤质

主要成煤期为石炭-二叠纪，煤类以炼焦煤为主，贫煤、无烟煤也有少量分布，山西组和石盒子组煤层为中灰、低硫煤。区内太原组煤的硫分较高，山西组煤的硫分较低，煤类以中变质烟煤为主，低变质烟煤和褐煤少；豫西地区主要为无烟煤，中变质烟煤主要分布在安徽、山东、苏北一带。皖南、苏南煤质较差，多为中高灰、中高硫、中高热值难选煤。

河北主要含煤地层属下、中侏罗统及上石炭统和晚二叠统。煤类除 1/2 中黏煤外，其他煤类从褐煤到无烟煤均有赋存。山东含煤时代多，从晚石炭-早二叠世到早-中侏罗世再到古近纪始新世都有成煤。煤类比较全，煤质特征有其特殊性和复杂性。始新统煤层仅有少量褐煤，未见其他煤类。河南晚古生代煤具有煤类多、分带性明显的特点，主要煤类为无烟煤、贫煤、贫瘦煤、瘦煤、焦煤、肥煤、1/3 焦煤和少量的气煤。北京面积较小，煤类较简单，多为贫煤及无烟煤。天津煤类也较简单，仅发育有石炭-二叠系气肥煤和无烟煤。江苏煤炭资源主要分布在徐沛矿区和苏南矿区。苏北地区成煤时代主要是晚石炭世和早、晚二叠世。炼焦用煤大部分为肥煤和气煤，另有一部分未分类的炼焦用煤。

苏北地区高变质的贫煤和无烟煤很少。安徽煤炭资源主要分布在皖北淮南、淮北两大煤田。皖北主要是石炭-二叠纪煤田，构造复杂，由于多种煤变质作用影响，同一矿区可见多种煤类。煤类主要是气煤、贫煤的中变质烟煤和高变质无烟煤。

2.2.3 东南区

本区主要包括我国东南地区和江南地区的部分省份。本区域煤炭资源赋存总体特征：属华南聚煤区，水文地质条件中等-复杂；成煤以二叠纪为主，广布全区；其他成煤期还有早石炭世（测水组）、晚三叠世、古近纪和新近纪等，但分布均较局限。重要矿区有涟邵、永耒、萍乡、丰城、龙永等。本区经济发达，人口稠密，对能源需求旺盛，但煤炭资源严重匮乏，资源丰度很低，绝大部分资源只宜建设小型矿井，年产30万t及以上矿井少见。虽经多年努力，但发现新的资源超过千万吨的前景并不乐观（王佟等，2011）。

2.2.3.1 含煤地层及煤层

早石炭世含煤地层在鄂西称万寿山组与祥摆组，湘、赣、粤称测水组，桂北、桂中称寺门组，其中以测水组在湘中的含煤性较好，粤中、粤北次之。万寿山组、祥摆组、寺门组也含可采或局部可采煤层，以桂北红茂罗城一带含煤性较好。东南沿海各地的梓山组、忠信组、叶家塘组等虽也含煤，但大多不具稳定可采煤层。

早二叠世含煤地层梁山组在湘、鄂、川边界分布，含煤性较差，仅含局部可采煤层。闽西南及粤中的童子岩组以及江西上饶组含煤性较好，含可采及局部可采煤层。

晚二叠世含煤地层中龙潭组/吴家坪组/合山组为区域主要含煤地层，其分布遍及全区，且大部含可采煤层。以赣中、湘中南及粤北一带为煤层富集区。广西局部也含可采煤层。

晚三叠世含煤地层以湘东的安源组含煤性较好，含可采及局部可采煤层。闽北、粤北、闽西南的焦坑组、红卫坑组、文宾山组虽含煤，但多不可采。

早-晚侏罗世含煤地层分布零星，各地名称不一，鄂西称香溪组，鄂中南为武昌组，湘东为造上组，桂东称北大岭组，湘西南称下观音滩组等。含煤性差，多为薄层煤或煤线。

古近纪和新近纪含煤地层主要分布于广西、广东、海南等地，广西南宁、百色盆地的那读组含多层可采及局部可采褐煤。广东茂名盆地油柑窝组及海南长昌组、长坡组含油页岩及薄煤层。

华南地区煤层一般较薄，煤层不稳定-极不稳定，多呈鸡窝状产出。

2.2.3.2 煤田构造

含煤区跨扬子地台和华南褶皱系，以晚二叠世聚煤盆地为主体，晚三叠世后经历了十分强烈的改造，中部和东部盖层的隆起与褶皱发育，平行赋煤区周边构成褶皱群。北缘至鄂东为北西西或近东西向，西南缘桂西南为南北或北西向，断裂也较发育。中部的鄂西等地，以比较完整的连续缓波状褶皱带为特征。东部的鄂东南、湘、赣、粤北地区处于华南和东南沿海褶皱系，以煤系的强烈变形、褶皱发育、断层密集、推覆构造普遍为特征，地质构造复杂。

古近纪和新近纪含煤盆地大部以断陷盆地形式存在，并经过后期改造，盆地展布与区域构造方向一致，岩浆活动微弱。

煤层埋深一般在 300m 左右，局部达 600m。上覆松散层厚度薄，一般只数米至20m。水文地质条件差别较大，由简单到复杂；湖北的鄂东及松宜矿区、湖南和广东的部分矿区地表水系发育，地下含水层较多，水文地质条件较复杂。基本无热害，瓦斯含量差异较大，湖南、湖北、广东等多有瓦斯影响，但在断层和岩层裂隙发育的井田中瓦斯基本逸散，含量降低；湘中冷水江矿区、湘南袁家、梅田等聚气条件较好的矿区往往为高沼矿井或煤与瓦斯突出矿井。

2.2.3.3　煤类煤质

主要成煤期为二叠纪，煤类以贫煤、无烟煤为主，炼焦煤少量。区内煤类以无烟煤、贫煤为主，次之为褐煤、中变质烟煤、低变质烟煤。煤的硫分较高，高硫煤占 40%以上；以中灰煤为主，部分为中高灰煤，低灰煤较少。湖北、海南基本为高硫煤，广西大部分为高灰、高硫煤，广东多为中灰、中硫煤，湖南多为中灰、低硫煤。

2.2.4　蒙东区

蒙东区主要包括内蒙古呼和浩特以东地区。本区域煤炭资源赋存总体特征：属东北聚煤区；构造一般较简单，含厚或巨厚煤层，煤层稳定–较稳定；主要成煤期为早白垩世，水文地质条件简单–中等。蒙东区煤类齐全，除 1/2 中黏煤和 1/3 焦煤以外，其他煤类皆有赋存。蒙东区煤类以褐煤为主，是我国最重要的褐煤分布区。重要矿区有平庄、霍林河、伊敏、扎赉诺尔及胜利、白音华等。

2.2.4.1　含煤地层及煤层

早白垩世含煤地层多为断陷盆地陆相含煤沉积，岩相岩性及含煤性差异变化大。北部海拉尔为扎赉诺尔群中部的大磨拐河组和上部的伊敏组含煤，煤层厚度大，变化大，结构复杂，煤层较稳定–不稳定；二连含煤区内为巴彦花群中上部及霍林河组含煤，从东向西煤层层数减少、厚度变薄，可采累厚百余米至西部厚不及 10 m，煤层较稳定–不稳定。

2.2.4.2　煤田构造

早白垩世含煤断陷盆地群处于华北地台北东台缘和内蒙古–大兴安岭褶皱带，盆地构造样式多为走向北东、北北东向狭长形地堑和半地堑式含煤盆地。区内多为北北东、北北西向正断层，盆地被切割成大小不等的断块。煤层倾角多小于 10°，局部构造较复杂区倾角为 10°~20°，构造简单–中等，局部地段受岩浆岩影响。

白垩纪、古近纪和新近纪煤开采技术条件优越，煤层埋藏浅，松散层厚度一般小于50 m，最厚为 150 m。煤层厚度大，剥采比较小，很多地段适用于露天开采。水文地质条件简单–复杂，主要为第四系孔隙含水，其次为煤系风化裂隙含水和煤系砂岩裂隙含水。就总体而言，扎赉诺尔、伊敏、陈旗等煤产地的水文地质条件较复杂，其他矿区水文地质条件相对简单。工程地质条件比较复杂，第四系流沙层发育，含煤地层岩石胶结疏松，顶、底板为泥岩、粉砂岩，风化易碎裂，抗压强度小，露天开采时边坡稳定性差，井工开采时则顶、底板维护困难。瓦斯含量普遍较低，多为低沼气矿井，基本无地温热害。

蒙东区主要煤炭基地地质条件概况见表2-3。

表2-3 蒙东区主要煤炭基地地质条件概况

煤炭基地	矿区	含煤地层	特征
蒙东	扎赉诺尔、伊敏河	下白垩统伊敏组、大磨拐河组	煤质优良，煤层厚度大，大部为厚煤层和特厚煤层，煤层底板为泥岩和粉砂岩，顶、底板较软，地质构造简单，矿井为低瓦斯矿井，煤层易自燃，水文地质条件简单
	宝日希勒、大雁	下白垩统大磨拐河组	
	霍林河、白音华	下白垩统霍林河组、白音华组	
	平庄	下白垩统阜新组	
	胜利	下白垩统胜利组	

2.2.4.3 煤类煤质

本区主要成煤期为早白垩世，煤类以低变质褐煤为主；主要用途为动力用煤。

早白垩世全区多为特低硫煤，全硫1.0%以下，平庄的硫分偏高，平均1.42%；灰分中等，一般为10%~30%，有少量高灰煤；煤类主要为褐煤，长焰煤甚少，在伊敏五牧场等区有少量气煤、肥煤、焦煤及贫煤。

2.2.5 晋陕蒙（西）宁区

晋陕蒙（西）宁区是我国最重要的煤产地，包括山西、陕西、宁夏、内蒙古西部地区和甘肃东部地区（陇东）。本区域煤炭资源赋存总体特征：属华北聚煤区；东部山西区主要成煤期为石炭-二叠纪，西部陕西、内蒙古西主要成煤期为侏罗纪，水文地质条件简单-中等，东部区煤层瓦斯较高。主要矿区有大同、阳泉、西山、潞安、晋城、神木、铜川、韩城、东胜、准格尔、灵武、石炭井、华亭等，均为产量大、生产潜力大、具有良好发展前景的矿区。在"井"字形架构中，本区恰好位于"井"字的中心位置，是我国名副其实的煤炭资源中心和煤炭生产中心。

2.2.5.1 含煤地层及煤层

太原组以海陆交互相沉积为主，由灰岩、泥岩、砂岩、煤层组成，一般厚40~100 m。含灰岩2~5层，一般厚10~20 m；含煤6~12层，可采总厚达20~40 m。38°N线以北的大同、平朔、准格尔、桌子山—贺兰山一线为富煤区，可采总厚达20~40 m；35°N~38°N的吕梁、晋中一带的含煤性中等，可采总厚3~8 m；鄂尔多斯东缘的中南段、晋南、晋东南等地发育较好，主采煤层厚达3~6 m。鄂尔多斯的北西缘为陆相沉积，太原组在宁夏香山厚69~389 m，含可采、局部可采煤层1~10层，厚1.0~13.9 m。太原组煤层大多稳定，结构简单。

山西组以河流-三角洲沉积为主，岩性主要为泥岩、页岩、粉砂岩、砂岩及煤层。本组厚度变化较大，具有北厚南薄、东厚西薄的特点。含煤层3~5层，富煤中心分布于北缘以及太原附近地区，煤层最大累计厚度大于 16 m，全区中厚煤层发育，大范围可以对比，煤层稳定-较稳定。

延安组大面积分布于鄂尔多斯盆地，为大型湖盆沉积，含煤 1~6 组，一般 3~4 组，每层厚度大，煤层稳定-较稳定。山西北部大同-宁武煤田的大同组，含可采煤层 6~8 层；宁武以南变薄，含可采煤层 2 层，单层厚 1 m 左右。

2.2.5.2　煤田构造

鄂尔多斯侏罗纪盆地构造变形微弱，呈向西缓倾斜的单斜构造，断层稀少，构造简单；盆地西部的宁夏地区推覆构造较发育。吕梁山、太行山之间以山西隆起为主体的石炭-二叠纪含煤区变形略强，以轴向北东和北北东的宽缓波状褶皱为主，边翼较陡，伴有同褶皱轴向的张性（局部挤压）为主的高角度正断层，煤层赋存于复式向斜中，如大同-宁武、沁水、霍西煤田，地质构造简单-中等，局部较复杂，煤层倾角平缓，局部受岩浆岩的轻微影响。

石炭-二叠纪主要煤矿区上覆松散层薄或较薄，多数矿区的水文地质条件简单；霍州、西山矿区的水文地质条件较复杂，属岩溶-裂隙水；渭北等矿区下组煤层处于较高的水头压力下，开采难度较大。工程地质条件多属简单-中等。煤层瓦斯含量及矿井瓦斯涌出量较高，阳泉、晋城一带的矿井多为高沼矿井，瓦斯问题比较突出；随着开采水平加深，高沼矿井可能会增加。

侏罗纪、三叠纪的煤层埋深均较浅，上覆松散层一般小于 50 m，水文地质简单，部分适宜于露天开采。由于煤层顶板多软弱的泥岩，顶、底板维护困难。煤层瓦斯含量较低，现有生产矿井多为低沼矿井，基本无地温热害。

晋陕蒙（西）宁区主要煤炭基地地质条件概况见表 2-4。

表 2-4　晋陕蒙（西）宁区主要煤炭基地地质条件概况

煤炭基地	矿区	含煤地层	特征
神东	神东、万利	侏罗系延安组、石拐子组	煤层埋藏浅，煤层赋存稳定-较稳定，顶板条件好，地质构造简单，断层稀少，煤层倾角 1°~10°，瓦斯含量低，煤尘具有爆炸危险性，煤层为自燃-易自燃，地温正常，水文地质条件简单
	准格尔、乌海、府谷	二叠系山西组、石炭系太原组	
晋北、晋中、晋东	大同	侏罗系大同组、二叠系山西组、石炭系太原组	煤层赋存稳定-较稳定，顶板条件好，地质构造简单，为低瓦斯矿区，煤层易自燃，水文地质条件简单
	平朔、朔南、轩岗、岚县、河保偏、西山、东山、离柳、汾西、霍州、乡宁、霍东、石隰、阳泉、武夏、潞安、晋城	二叠系山西组、石炭系太原组	煤层埋藏浅-深，煤层厚度大而稳定，地质构造简单-中等，倾角缓，浅部为低-高瓦斯矿井，煤尘具有爆炸危险性，煤层易自燃，水文地质条件简单-中等

煤炭基地	矿区	含煤地层	特征
黄陇	彬长、黄陵、旬耀、焦坪、华亭	侏罗系延安组	可采煤层均为稳定-较稳定，顶板稳定-较稳定，大部分矿区底板遇水膨胀，地质构造简单-中等，煤层倾角一般都为 2°~10°，水文地质条件简单，大部分矿区为低瓦斯矿井，各矿区煤尘均具有爆炸危险性和易自燃
	蒲白、澄合、韩城	二叠系山西组、石炭系太原组	主要可采煤层比较稳定，顶、底板稳定，构造简单，蒲白、澄合矿区为低瓦斯矿井，韩城、铜川矿区大部分为高瓦斯矿井，有些是煤与瓦斯突出矿井，水文地质条件简单-中等
	铜川	石炭系太原组	
陕北	榆神、榆横	侏罗系延安组	煤层厚而稳定，结构简单，煤层埋藏浅，顶、底板稳定易管理，地质构造简单，倾角小（1°~5°，1°左右），为低瓦斯矿井，煤尘具有爆炸危险性，水文地质条件简单
宁东	石嘴山、横城、韦州	二叠系山西组、石炭系太原组	煤层厚-较厚，煤层稳定-较稳定，煤层结构简单-比较简单，煤层埋藏浅，顶、底板易管理，地质构造简单，一般为低瓦斯矿井，水文地质条件简单
	石炭井	侏罗系延安组、二叠系山西组、石炭系太原组	
	灵武、鸳鸯湖、石沟驿、马积萌	侏罗系延安组	

2.2.5.3 煤类煤质

东部山西区主要成煤期为石炭-二叠纪，西部陕西、内蒙古西主要成煤期为侏罗纪。东部区煤类以炼焦煤、无烟煤为主，主要用途为炼焦用煤；西部区以低级烟煤（长焰煤、不黏煤、弱黏煤）为主，主要用途为动力、炼焦用煤。

石炭-二叠纪煤多以中灰（15%~25%）、特低硫或低硫（山西组煤）及中硫（太原组煤）为其特征。三叠纪瓦窑堡组为中灰（15%~25%）、低磷（0.012%）、低硫（0.65%）、高油（12.3%）气煤。中侏罗世延安组煤多为低变质不黏煤和长焰煤，煤层原灰分较低，大多小于10%，属特低灰-低灰煤；全硫绝大部分小于1%，属特低硫煤；磷不超过0.05%，多属低磷煤，干燥基高位发热量 25 M~29 MJ/kg。

鄂尔多斯盆地东缘由南而北的煤类分布，依次为无烟煤与贫煤、焦煤、肥煤、气肥煤、气煤和长焰煤，从南向北煤变质程度趋浅。西及西北缘的横城、韦州、马连滩、石嘴山、乌海、乌达，煤的变质情况比较复杂，无烟煤、贫煤、瘦煤、焦煤均有分布，分带不明显。吕梁山以东的煤类也比较复杂，总的趋势是南部以晋东南太行山东麓南段为中心的高变质无烟煤带，向南东、北、北东方向逐渐过渡为瘦煤—焦煤—肥煤。北部大同—宁武、太行山东麓中段以中变质程度的气煤、气肥煤为主，有少量肥煤。

山西煤类齐全，除褐煤外，其他煤类都有赋存。全国炼焦用煤 50% 分布在山西省；从不可替代性和高质量要求看，山西的炼焦用煤最重要，特别是肥煤和焦煤。山西主要的炼焦用煤产地有河东煤田的柳林、离石、乡宁矿区等。

陕西煤炭资源丰富，主要分布在渭河以北的为陕北侏罗纪煤田、陕北石炭-二叠纪煤田、陕北三叠纪煤田、黄陇侏罗纪煤田及渭北石炭-二叠纪煤田。秦岭以南地区煤炭资源分布点多，但资源/储量小。陕西煤类较全，成煤时代跨度也比较长，从晚石炭世到中侏罗世都有成煤。

宁夏的煤类齐全，在十四大类型中，除缺少 1/2 中黏煤、贫瘦煤和弱黏煤外，其余 11 种煤类即无烟煤、贫煤、瘦煤、焦煤、1/3 焦煤、肥煤、气肥煤、气煤、不黏煤、长焰煤、褐煤均有赋存。宁夏煤炭资源不仅探明资源量大，煤类齐全，煤质优良，而且埋藏条件好，潜在资源量大，具有广阔的开发利用前景。

蒙西地区包括鄂尔多斯和东盛一带。除褐煤外，其余 13 种煤类皆有赋存。主要以低变质烟煤为主，不黏煤储量极大。

2.2.6　西南区

西南区主要包括云南中东部、贵州、四川东部以及重庆地区。本区域煤炭资源赋存总体特征：属华南聚煤区，主要成煤期为二叠纪，龙潭组煤层一般以中厚层煤为主，较稳定；晚三叠世以薄煤层为主，古近纪和新近纪则为厚-巨厚煤层；煤田褶曲和断裂发育，构造属中等-复杂，水文地质条件简单-中等，个别复杂。重要矿区有盘江、水城、小龙潭、攀枝花、南桐、松藻等。贵州煤炭资源丰富，具有煤层多、厚度大、煤类齐全的特点，是西南地区可靠的煤炭生产基地。

全区煤类以中、高变质烟煤和无烟煤为主。古近纪和新近纪为褐煤。龙潭组一部分煤田为中低灰、中硫煤，但在黔东、黔北、川南大部分为高-特高硫煤。晚三叠世以中灰、低硫煤为主。本区炼焦用煤资源储量相对丰富，在我国南方具有地区优势；高硫煤所占比例大，是其弱势。

2.2.6.1　含煤地层及煤层

区内有早石炭世、早二叠世、晚二叠世、晚三叠世、古近纪和新近纪各时期的含煤地层。主要含煤地层为晚二叠世含煤地层。

早石炭世含煤地层在滇黔边称万寿山组与祥摆组，含可采或局部可采煤层，但大多不具稳定可采煤层。中部含煤段在自家浦、马查拉一带厚 870～1185 m，含煤多达数十层，均为不稳定薄煤层或煤线。

早二叠世含煤地层梁山组在滇东、滇西有分布，含煤性较差，仅含局部可采煤层。

晚二叠世龙潭组/宣威组的分布遍及全区，大部含可采煤层。以贵州六盘水、云南富源、四川筠连一带为煤层富集区。云南主要分布在滇东宣威、恩洪、圭山（占 91.75%），其次为镇雄、大理，煤厚 8～15 m。贵州主要分布于六盘水、织纳、黔北等地，含可采煤层 9 层，可采总厚 7.21～36.13 m，煤层结构中等，较稳定；在六盘水三角形地域内的六盘水煤田，晚二叠世龙潭组早期、晚期和长兴期 3 个聚煤期叠加，成为富煤区，煤层层数多，厚度大，比较稳定；资源丰度一般 1000 万～2000 万 t/km^2，水城发耳、格目底勺米、马场、大寨、六枝双夕等煤产地的资源丰度大于 3000 万 t/km²。四川主采煤层单层厚度小，稳定性差，资源丰度低，主要分布在川南筠连、芙蓉、古叙、松藻、南桐、南武及川中华蓥山、天府、中梁山等地；含可采或局部可采煤层 17 层，其中 4 层层位稳定，分布广，平均厚 0.97~1.83 m，最大厚度 6.26~7.73 m；资源丰度一般 300 万~800 万 t/km²。

晚三叠世含煤地层以四川、云南的须家河/大荞地组/干海子组含煤性较好，含可采及局部可采煤层，一般可采厚度 0.7~2.0 m。花果山组呈北西—南东向展布在祥云煤产地，含可采煤层 1~5 层，总厚 0.6~9.32 m。白土田组主要分布于北部，上段含可采及局部可采煤层 1~4 层，总厚 0.6~20.4 m。干海子组为一平浪煤田主要含煤组段，含可采煤层 1~3 层，总厚 0.5~3.5 m，煤层自南向北变薄。四川该类含煤地层主要分布在永荣、华蓥山、雅乐、广旺及西部的攀枝花、盐源等地，可采或局部可采煤层 3~7 层，以薄煤为主，单层可采厚一般 0.40~1.00 m，个别可达 3 m 以上，厚度变化大，稳定性较差。

古近纪和新近纪含煤地层主要分布于滇东的昭通组、小龙潭组，为主要含煤地层，含巨厚煤层。昭通盆地煤层的最大厚度达 193.77 m，小龙潭褐煤盆地含巨厚的结构复杂的复煤层（组），煤厚约 72 m，最大厚度达 215.68 m，煤层较稳定。

2.2.6.2 煤田构造

本区跨扬子地台、华南褶皱系，以晚二叠世聚煤盆地为主体，晚三叠世后经历了十分强烈的改造，西缘龙门山一带强烈褶皱、逆掩，中部和东部盖层的隆起与褶皱发育，平行赋煤区周边构成褶皱群。西南缘康滇、滇南为南北或北西向，断裂也较发育。中部的川东、川南、黔北、黔东等地，以比较完整的连续隔挡式和隔槽式褶皱为特征。云、贵、川东晚二叠世地质构造比较复杂，断层、褶皱均较发育，对煤层破坏较大，构造复杂程度多属中等—复杂类。晚三叠世煤构造中等-较复杂。古近纪和新近纪含煤盆地以滇东盆地群为主，以断陷盆地形式存在，后期改造微弱，盆地展布与区域构造方向一致，岩浆活动微弱、构造简单。滇藏地区受北西—南东向深断裂的控制和成煤后期的破坏，多为小型断陷盆地。强烈的新构造运动，使含煤盆地褶皱、断裂极为发育。

云南煤田的开采技术条件总体上比较简单，古近纪和新近纪煤埋藏较浅，上覆松散层厚度不大，昭通荷花、先锋松树地、龙陵大坝、跨竹中心村等褐煤矿区资源规模大，煤层厚，埋藏浅，上覆剥离层软，矿井水文地质条件简单，适合露天开采，影响矿井安全的瓦斯问题不突出，基本无热害影响。晚二叠世煤埋藏深度 100 m 左右，仅个别深达 200~300 m，松散层厚度小于 20 m，仅跨竹区达 85 m，矿井水文地质条件相对简单，工程地质条件中等，煤层瓦斯含量及矿井瓦斯涌出量一般，其中恩洪偏高。

贵州煤炭开采技术条件中等，一般埋深在 500 m 左右，松散层厚度多在 50 m 之内，水文地质条件相对简单，工程地质条件中等，矿井瓦斯含量高，已有的 28 处矿井中，82% 属瓦斯突出和高沼矿。

四川、重庆煤炭资源开采技术条件比较简单。上覆松散层厚度仅数米或十余米，多数井田可用平硐开拓。矿床水文地质和工程地质条件多数属简单-较简单，先期开采地段基本不存在地温热害，但多数矿井属高沼矿井。四川高沼矿井多，突出强度大，煤矿瓦斯绝对涌出量 $1.7\sim37.6$ m³/min，相对涌出量可高达 88.2 m³/（t·d）。

西南区主要煤炭基地地质条件概况见表2-5。

表2-5　西南区主要煤炭基地地质条件概况

煤炭基地	矿区	含煤地层	特征
云贵	盘县	上二叠统龙潭组、上三叠统火把冲组	以中厚煤层为主、厚煤层和薄煤层为辅的煤层群，煤层赋存较稳定-稳定，部分不稳定，但主要可采煤层为稳定和较稳定煤层，煤层结构一般简单-中等，煤层顶板不易管理，煤层埋藏浅和较浅，地质构造简单-中等，一般为缓倾斜煤层，煤层瓦斯含量高，除个别为低瓦斯矿井外，多数为高瓦斯矿井，相当一部分为煤与瓦斯突出矿井，煤层一般为易自燃，个别自燃，煤尘除织纳矿区、黔北矿区外均具有爆炸危险性，水文地质条件简单-中等
	普兴	上二叠统汪家寨组	
	水城、六枝	上二叠统龙潭组	
	织纳	上二叠统龙潭组、长兴组	
	黔北	上二叠统汪家寨组（长兴组）、龙潭组	
	老厂	上二叠统长兴组、龙潭组	以中厚煤层为主，顶、底板较稳定，构造中等-简单，瓦斯含量大，水文地质条件简单
	小龙潭	新近系中新统	为较稳定的巨厚煤层，煤层结构复杂，构造复杂，水文地质条件简单-中等
	昭通	新近系上新统	
	镇雄	上二叠统龙潭组	以薄-中厚煤层为主，煤层结构较简单，顶、底板稳定性差，瓦斯含量大，构造复杂程度属简单类型，水文地质条件简单-中等
	恩洪	上二叠统宣威组	
	筠连	上二叠统宣威组	
	古叙	上二叠统龙海组	

2.2.6.3　煤类煤质

煤类以炼焦煤、贫煤、无烟煤为主，古近纪和新近纪煤为褐煤；龙潭组一部分煤田为中低灰、中硫煤，但在黔东、黔北、川南大部分为高-特高硫煤；晚三叠世煤以中灰、低硫煤为主。

晚二叠世云南圭山区煤的硫分为 $0.83\%\sim3.02\%$，平均 2.06%，盐津区煤硫分最高达 7.2%，宣威区的硫分为 $0.13\%\sim0.38\%$；灰分中等，宣威为 $12.25\%\sim35\%$，恩洪、圭山分别为 21.05% 和 20.88%。大理、盐津为高灰煤，灰分分别为 33.39% 和 39.11%；煤类在沾益花山一带为气煤，其余地区为贫煤及瘦煤；宣威组煤以焦煤为主，恩洪区龙潭组煤以焦煤为主，次为气煤、瘦煤和贫煤，圭山区为焦煤、瘦煤和无烟煤。贵州多高硫煤，全硫达 $2.45\%\sim6.38\%$，仅黔北、水城两区为中硫煤，全硫含量分别为 1.13% 和 1.84%，大部为全硫大于4%的特高硫煤；灰分中等偏高，一般为 $18.86\%\sim26.18\%$，贵定灰分高达 35.05%；煤类为中-高变质煤，气煤、无烟煤均有赋存。川南煤全硫为 $2.04\%\sim9.92\%$，其中方斗山、芦塘、濯河坝、燕子峡、龙门山、明月峡、毛石咸、巨马坪等矿区煤全硫超过5%，荣山—两河口、都江、斑鸠、峨眉、攀枝花、盐源等煤产地煤层硫分较低；灰分中等偏高，灰分为 12.60%~29.83%，燕子峡、宜东、螺观山、青山岭、筠连、盐源 6 个煤产地灰分为 30.06%~39.84%，其中螺观山最高；煤类以无烟煤、焦煤、瘦煤为主，还有气煤、肥煤和贫煤。

晚三叠世煤云南全硫为 0.32%~1.60%；灰分为 8.4%~32.11%，大多小于 20%。四川全硫为 2.04%~6.48%；赫天祠、峨眉、中山北、铁山、中山南等区煤含硫均小于1%。灰分为 20.24%~29.83%，属中灰煤。煤类以焦煤、瘦煤、无烟煤为主。

古近纪和新近纪煤全硫为 0.28%~3.74%，灰分为 21.52%~38.18%。煤类均为褐煤。

2.2.7　北疆区和南疆-甘青区

新疆跨越北疆区和南疆-甘青区两个分区，其中天山以北的准噶尔地区隶属于北疆区，天山以南的塔里木地区隶属于南疆-甘青区。

北疆区煤炭资源赋存总体特征：属西北聚煤区；本区含煤层数多，煤层总厚巨大，单层也常为厚-巨厚煤层，煤层稳定-较稳定；构造简单-中等，部分矿区褶皱发育，岩层倾角变化较大；煤层埋藏浅，赋存条件好，水文地质条件简单；主要成煤期为早-中侏罗世。重要生产矿区有乌鲁木齐、哈密、艾维尔沟等。新疆大部分煤炭资源都集中在塔里木北部地区。

南疆-甘青区煤炭资源赋存总体特征：属西北聚煤区；本区地质构造背景和东部完全不同，煤层为薄-中厚层状，较稳定-不稳定；构造方面青海较简单，河西走廊较复杂；主要成煤期为石炭-二叠纪、侏罗纪；水文地质条件简单。重要矿区有大通、木里、靖远、窑街等。

2.2.7.1　含煤地层及煤层

区内有石炭-二叠纪、晚三叠世、早-中侏罗世、早白垩世各地质时代含煤地层，以早-中侏罗世为主。

石炭-二叠纪靖远组、羊虎沟组、太原组、山西组分布于河西走廊、甘青交界的中祁连山、北祁连走廊、靖远—香山和柴达木盆地北缘。在北祁连山富煤带，太原组含可采煤层 2~4 层，可采总厚 24 m；山西组仅含 1~2 层可采煤层，一般厚 1~2 m，山丹煤产地含煤性较好，煤厚 5 m 左右。柴达木盆地北缘的乌兰煤产地扎布萨孕秀组含可采、局部可采煤层 2~7 层，煤层薄，但较稳定。

早-中侏罗世西山窑组、八道湾组在新疆天山-准噶尔、塔里木、吐鲁番-哈密、三塘湖-淖毛湖、焉耆、伊犁等大型含煤盆地广泛发育，准噶尔盆地乌鲁木齐及吐鲁番-哈密盆地沙尔湖、大南湖含煤性极好，含巨厚煤层 5~30 层，总厚 174~182 m；伊宁含煤6~13 层，厚 40~47 m。早-中侏罗世煤层稳定-较稳定。甘肃、青海等地中侏罗世含煤地层的地方名称颇多。北山、潮水盆地的芨芨沟组含薄煤及煤线，青土井群含煤 6~12层；兰州—西宁窑街组及元术尔组、小峡组，含可采煤层 2~3 层。北祁连走廊及中祁连山以早侏罗世热水组、中侏罗世木里组、江仓组为主要含煤地层，柴达木盆地北缘以中侏罗世大煤沟组含煤性较好，煤层较稳定。

早白垩世含煤地层仅见于甘肃西北部的吐路—驼马滩一带，新民堡组（群）含 3 个煤组，1~10 层可采，局部可采薄煤层。

2.2.7.2　煤田构造

本区位于塔里木地台、天山–兴蒙褶皱系（西区）北部褶皱带和准噶尔地块，以及秦祁昆褶皱系祁连山褶皱区等构造单元中。以早–中侏罗世特大型聚煤盆地（准噶尔、吐鲁番–哈密、塔里木等）为主，含煤地层及煤层沉积稳定，煤炭资源丰富，构造简单–中等，局部受岩浆岩的轻微影响；天山及祁连山褶皱区有伊犁、尤尔都斯、焉耆、库米什及祁连山等山间断陷盆地型含煤盆地，受后期构造运动的改造，盆地周缘构造较复杂，断裂发育，地层倾角较大，盆地内部为宽缓的褶曲构造，倾角变缓。褶皱区还有断陷含煤盆地经受后期改造剧烈，周边断裂发育，褶皱构造复杂，致使含煤区、煤产地分布零散，规模也较小。石炭–二叠纪含煤由于受多期构造运动影响，构造复杂程度多属中等–复杂，断层发育，一般西部比东部复杂，西部的褶曲被断层切割和上升剥蚀，仅保留褶曲残留形态，地层倾角 16°~60°，东缓西陡，局部倾角平缓；早–中侏罗世含煤盆地多呈北西向展布，盆内以宽缓向斜或单斜为主，断层多发育于盆缘，构造复杂程度中等，地层倾角 15°~50°。

开采技术条件比较简单，石炭–二叠纪煤层埋藏较浅；上覆松散层厚度大多小于 100 m。水文地质条件简单，仅局部地区如安国–峡门煤产地和中祁连南煤产地阿力克等地较复杂。工程地质条件多属中等，个别煤产地较简单，如石炭井、中祁连南。影响矿井安全的瓦斯问题不突出，基本无地温热害影响。

早–中侏罗世层埋藏浅，在新疆地区一般小于 600 m；上覆松散层厚度多小于 30 m，煤层厚度大，部分地段剥采比小，宜于露天开采。水文地质条件简单，少数为中等–复杂，如乌鲁木齐西山、库车拜城、比尤勒色谷孜等。工程地质条件较复杂，含煤地层岩石胶结疏松，露天开采边坡稳定性可能较差。瓦斯含量较低，地温地热正常。在甘青地区埋藏浅，多为 200~300 m。上覆松散层厚度多在 50 m 以内。水文地质条件简单，一般为中等，只有极少数地区如安国–峡门煤产地和阿力克较为复杂。工程地质条件较简单，仅个别评价单元如肃南煤产地的三岔找煤区较为复杂。煤层瓦斯含量较低，仅安国–峡门煤产地瓦斯含量高，有瓦斯突出可能。地温正常，一般无热害。

总之，本区含煤地质时代以早–中侏罗世为主，其资源占 99% 以上，石炭–二叠纪、早白垩世、晚三叠世资源仅有少量。中生代煤田的地质构造比较简单，晚古生代煤田地质构造较复杂；含煤盆地边缘比盆内构造复杂。煤层硫分普遍较低，灰分中等；煤类以低变质烟煤为主，有少量中变质烟煤和贫煤、无烟煤。开采技术条件比较简单，煤层埋藏浅，上覆松散层薄，矿井水文地质条件简单，影响矿井安全的瓦斯问题不大。

2.2.7.3　煤类煤质

石炭–二叠纪煤层灰分为 16.71%~34.60%，全硫为 0.82%~4.63%；煤类多为气煤，次为肥煤、焦煤、瘦煤，还有少量贫煤和无烟煤。早–中侏罗世煤层在新疆灰分中等偏低，为 5.14%~30.81%，以中灰煤为主；全硫 0.19%~2.56%，以小于 1% 的低硫、特低硫煤为主，中硫煤次之，中高硫煤极少；煤类以长焰煤、不黏煤等低变质烟煤为主，还有少量弱黏煤、气煤和肥煤。北疆区主要成煤期为早-中侏罗世，煤类以低级烟煤（长焰煤、不黏煤、弱黏煤）为主，中灰、低硫、煤质良好，瓦斯含量一般较低，炼焦煤分布较少。南疆-甘青区煤类以炼焦煤、低级烟煤（长焰煤、不黏煤、弱黏煤）为主，多为中灰、低硫，煤质尚好。

2.2.8　西藏区

本区域煤炭资源赋存总体特征：属滇藏聚煤区，本区煤炭资源甚少，主要成煤期为早石炭世、晚二叠世、晚三叠世等；该区位于造山带附近的煤系以紧密线形褶皱和断裂变形为主，部分卷入构造混杂岩中，断块内部煤系褶皱和层滑变形强烈，虽然从晚石炭世到新近纪均有聚煤作用发生，但复杂动荡的构造背景使得有效聚煤期限短，沉积环境不稳定，煤盆地规模小，含煤性与煤层赋存条件极差，开采地质条件复杂。西藏煤田地质勘探程度较低，煤炭资源稀少。煤类较为齐全，以低级烟煤（长焰煤、不黏煤、弱黏煤）、贫煤、无烟煤为主；炼焦煤也有少量分布，但储量都不是很丰富。

2.3　煤炭资源分布特征

基于中国煤炭地质总局汇总的全国30个省（自治区、直辖市）（不包括香港、澳门、台湾，上海未发现煤炭资源）2009年煤炭地质评价报告的统计数据，按照煤炭资源"井"字形区划格局进行整理，我国煤炭资源分布情况见表2-6和表2-7。

我国煤炭资源较为丰富，截至2009年年末，煤炭资源总量为5.82万亿t；其中，保有煤炭资源量为1.94万亿t，尚有预测资源量3.88万亿t。"井"字形区划下，东部、中部和西部的煤炭资源量分别占我国煤炭资源总量的7.9%、55.6%和36.5%；最大的煤炭资源富集区域为晋陕蒙（西）宁区（占全国资源总量的41.4%），其次为北疆区（30.8%）；主要的资源富集省（自治区）依次为新疆、内蒙古、山西、陕西、贵州等。

我国保有煤炭资源量为19 455.89亿t；其中，已利用资源量为4040.37亿t（约占20.8%），尚未利用资源量（或称剩余资源量）为15 415.52亿t（约占79.2%）。在尚未利用资源量中，达到勘探（精查）级别的资源量为2593.58亿t（约占16.8%），详查级别2971.93亿t，普查级别5111.64亿t，预查（找煤）级别4738.39亿t。

从精查资源量来看，"井"字形区划下，中部为1990.00亿t，占全国尚未利用精查资源总量的76.7%，集中分布于内蒙古、陕西、山西、贵州等省（自治区）。东部为235.72亿t，占全国尚未利用精查资源总量的9.1%，主要分布在安徽、河南、山东3省；东南区和东北区精查量较为接近，分别为34.54亿t和35.25亿t，合占全国的2.6%。西部精查资源总量为367.87亿t，占全国总量的14.2%，主要分布于新疆。

从详查资源量来看，中部为2566.66亿t，占全国尚未利用详查资源总量的86.4%；东部仅为166.04亿t，主要分布在河南、黑龙江、辽宁等地；西部有239.23亿t，主要分布于北疆区。

表 2-6　"井"字形区划格局下我国煤炭资源分布情况

（单位：亿t）

"井"字形分区	地区	累计探明资源量	保有资源量	已利用资源量	尚未利用资源量						2000m以浅预测资源量	资源总量
					合计	精查	详查	普查	预查			
东北区	辽宁	104.89	84.56	48.55	36.00	6.60	18.88	10.16	0.36	53.28	137.84
	吉林	29.12	22.21	17.18	5.03	1.19	1.11	1.29	1.44	69.50	91.71
	黑龙江	235.57	218.31	87.94	130.37	27.46	20.11	62.04	20.76	201.75	420.06
	小计	369.58	325.08	153.68	171.40	35.25	40.10	73.49	22.56	324.53	649.61
黄淮海区	皖北	371.48	352.23	189.17	163.06	57.46	16.06	59.44	30.10	430.12	782.35
	苏北	43.28	33.30	22.91	10.39	0.00	6.23	4.17	0.00	38.59	71.89
	北京	27.25	24.00	13.73	10.27	3.16	0.01	4.15	2.95	81.75	105.75
	天津	3.83	3.83	0.00	3.83	2.97	0.85	0.00	0.00	170.76	174.59
	河北	374.22	345.65	116.61	229.04	8.51	9.38	133.62	77.53	467.72	813.37
	山东	333.67	227.96	57.10	170.86	38.83	6.89	125.14	0.00	145.84	373.80
	河南	666.81	617.78	114.36	503.42	55.00	74.37	118.28	255.77	710.74	1 328.52
	小计	1 820.54	1 604.76	513.88	1 090.88	165.93	113.79	444.80	366.35	2 045.52	3 650.28
东南区	皖南	2.59	1.54	1.43	0.11	0.00	0.00	0.00	0.11	16.07	17.61
	苏南	3.15	2.72	0.96	1.76	0.26	0.74	0.77	0.00	14.93	17.65
	浙江	0.49	0.29	0.00	0.29	0.00	0.06	0.23	0.00	0.12	0.41
	福建	14.51	11.05	9.01	2.04	0.20	0.01	0.66	1.17	25.73	36.78
	江西	24.73	19.70	1.87	17.84	14.58	1.32	1.63	0.31	46.83	66.53
	湖北	11.96	8.22	3.35	4.88	1.86	1.12	1.21	0.69	15.87	24.09
	湖南	40.84	31.98	10.79	21.19	7.93	6.05	6.73	0.48	62.04	94.02
	广东	8.27	4.85	4.00	0.85	0.50	0.04	0.26	0.05	11.14	15.99
	广西	24.26	21.27	9.43	11.83	7.55	2.81	1.14	0.34	20.99	42.26
	海南	1.67	1.66	0.00	1.66	1.66	0.00	0.00	0.00	1.07	2.73
	小计	132.46	103.29	40.84	62.45	34.54	12.15	12.62	3.16	214.77	318.06

续表

"井"字形分区	地区	累计探明资源量	保有资源量	已利用资源量	尚未利用资源量						2000m以浅预测资源量	资源总量
					合计	精查	详查	普查	预查		预测资源量	
蒙东区	蒙东	3 167.51	3 146.47	220.83	2 925.64	537.88	1 210.11	870.93	306.72	1 272.11	4 418.58
	小计	3 167.51	3 146.47	220.83	2 925.64	537.88	1 210.11	870.93	306.72	1 272.11	4 418.58
晋陕蒙(西)宁区	山西	2 875.82	2 688.16	1 401.92	1 286.24	136.70	409.65	560.54	179.36	3 733.19	6 421.35
	陕北	1 814.43	1 794.45	333.52	1 460.92	252.20	236.55	393.13	579.04	2 259.27	4 053.72
	蒙西	5 795.18	5 760.72	320.01	5 440.71	642.33	428.14	1 368.34	3 001.91	6 064.68	11 825.4
	宁夏	383.89	376.92	143.89	233.03	96.50	70.41	42.62	23.50	1 471.01	1 847.93
	小计	10 869.33	10 620.24	2 199.34	8 420.90	1 127.72	1 144.75	2 364.63	3 783.81	13 528.15	24 148.4
西南区	重庆	43.91	40.04	23.69	16.36	1.16	2.89	7.71	4.60	137.53	177.57
	川东	125.74	109.38	28.66	80.72	16.76	24.78	11.67	27.52	243.15	352.53
	贵州	707.61	683.43	74.17	609.26	219.04	91.47	90.58	208.17	1 880.94	2 564.37
	滇东	294.88	282.67	47.33	235.34	87.43	92.66	52.13	3.13	435.70	718.37
	陕南	1.22	1.22	1.05	0.17	0.00	0.00	0.17	0.00	0.00	1.22
	小计	1 173.36	1 116.74	174.89	941.85	324.39	211.80	162.25	243.42	2 697.32	3 814.06
北疆区	北疆	2 111.17	2 097.85	642.81	1 455.04	279.38	174.41	1 001.25	0.00	15 857.84	17 955.69
	小计	2 111.17	2 097.85	642.81	1 455.04	279.38	174.41	1 001.25	0.00	15 857.84	17 955.69
南疆-甘青区	南疆	200.57	197.47	40.45	157.01	52.01	4.40	100.61	0.00	824.01	1 021.48
	甘肃	167.45	158.66	31.84	126.82	15.22	30.78	74.73	6.08	1 656.81	1 815.47
	青海	70.42	63.40	16.78	46.62	18.54	24.43	1.39	2.25	344.47	407.87
	小计	438.44	419.53	89.07	330.45	85.77	59.61	176.73	8.33	2 825.28	3 244.82
西藏区	滇西	6.65	6.08	0.87	5.22	2.57	0.97	1.59	0.09	14.04	20.12
	川西	17.05	13.33	4.16	9.16	0.15	4.24	3.35	1.43	16.06	29.39
	西藏	2.65	2.53	0.00	2.53	0.00	0.00	0.00	2.53	9.24	11.77
	小计	26.35	21.94	5.03	16.91	2.72	5.21	4.94	4.05	39.34	61.28
全国	总计	20 108.72	19 455.89	4 040.37	15 415.52	2 593.58	2 971.93	5 111.64	4 738.39	38 804.86	58 260.78

注：按照"井"字形的区划格局，我国多个省份跨越了不同区划，如江苏、安徽、内蒙古、四川、云南、新疆等地。本研究根据区域煤田地质特征和资源分布特点将跨区煤炭资源量归类到不同"井"字形区划中去，如要换算成各省份资源量，在此基础上直接归并计算即可。累计探明资源量是指地质勘探单位在一个矿床（区）或地区内，自开始工作至至统计上报为止所探明的矿产储量总和；它不扣除矿山的开采量和地下损失量，而是反映探明矿产资源所取得的地质成果。保有资源量指一定时间内（截至报告日期）矿山所拥有的资源实际量，即探明资源量中扣除已采资源量所剩余的部分。

表 2-7　我国东部、中部和西部的煤炭资源情况

项目	东部		中部		西部	
	资源量/亿 t	占全国的比例/%	资源量/亿 t	占全国的比例/%	资源量/亿 t	占全国的比例/%
累计探明资源量	2 322.58	11.6	15 210.20	75.6	2 575.95	12.8
保有资源量	2 033.13	10.5	14 883.46	76.5	2 539.32	13.1
已利用资源量	708.40	17.5	2 595.06	64.2	736.91	18.2
尚未利用资源量	1324.73	8.6	12 288.38	79.7	1 802.41	11.7
精查	235.72	9.1	1 990.00	76.7	367.87	14.2
详查	166.04	5.6	2 566.66	86.4	239.23	8.0
普查	530.91	10.4	3 397.81	66.5	1 182.92	23.1
预查	392.07	8.3	4 333.94	91.5	12.39	0.3
资源总量	4 617.95	7.9	32 381.04	55.6	21 261.79	36.5

从普查资源量来看，中部普查资源量为 3397.81 亿 t，占全国尚未利用普查资源量的 66.5%，集中分布在晋陕蒙地区；东部为 530.91 亿 t，主要分布在山东、河南、河北等地；西部为 1182.92 亿 t，占全国的 23.1%，主要分布于新疆地区。

预查（找煤）资源主要集中在"井"字形区划下的中部地区，预查资源量为 4333.94 亿 t，占全国预查资源总量的 91.5%，主要集中于山西、陕西、内蒙古、贵州 4 省（自治区）；东部为 392.07 亿 t，主要分布于河南、河北、安徽、黑龙江 4 省，其中东南区预查资源总量仅为 3.16 亿 t；西部预查资源量为 12.39 亿 t。

从保有煤炭资源情况来看，各分区具体资源分布特征如下。

2.3.1　东北区

东北区主要包括辽宁、吉林、黑龙江 3 省。结合图 2-3 和表 2-6 可以得出，东北三省所在的东北区保有煤炭资源量为 325.08 亿 t，其中 218.31 亿 t 分布于黑龙江，占整个东北区保有资源量的 67.2%；东北区剩余资源总量为 171.40 亿 t，其中黑龙江最多，约为 130.37 亿 t。

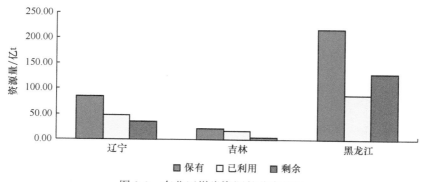

图 2-3　东北区煤炭资源的分布情况

总体来看，东北三省煤炭资源利用率约为 50%；辽宁、吉林两省剩余资源的绝对量基数较小，而黑龙江剩余煤炭资源绝对量相对较多。因此，黑龙江当前仍然具有一定程度的开发潜力，辽宁和吉林两省资源前景不容乐观，煤炭资源正面临枯竭。

2.3.2 黄淮海区

黄淮海区主要包含冀、鲁、豫、京、津、苏北、皖北等省（直辖市）和地区。苏北和皖北分别所在的江苏、安徽两省跨越黄淮海和东南两个分区，但按照"井"字形区划格局，可以明显得出江苏的煤炭资源主要分布在苏北，安徽的煤炭资源主要分布在皖北（表2-8）。安徽主要分布有淮南和淮北两个大型煤田，江苏的大型煤田为徐沛煤田，均分布于大别山以北的黄淮海区。对比两省大型煤田的探明资源量和两省各自的探明资源总量发现，淮南、淮北两个大型煤田的资源总量和安徽全省的探明总量接近，徐沛煤田的资源总量和江苏全省的探明总量接近。这有力地说明安徽、江苏两省虽跨越黄淮海、东南分区，但其煤炭资源却高度集中于大别山以北的黄淮海区内，东南区几乎没有煤炭资源分布。因而，对于安徽和江苏的煤炭资源开发而言，开发潜力将主要集中于几个大型煤田内，其他小规模煤田的资源贡献几乎可以忽略。

表 2-8　安徽省和江苏省煤炭资源的分布情况　　　　　　　　　（单位：亿 t）

地区	累计探明资源量	保有资源量	已利用资源量	尚未利用资源量
安徽	374.07	353.77	190.60	163.17
皖北	371.48	352.23	189.17	163.06
皖南	2.59	1.54	1.43	0.11
江苏	46.43	36.02	23.87	12.15
苏北	43.28	33.30	22.91	10.39
苏南	3.15	2.72	0.96	1.76

结合黄淮海区其他省（直辖市）的资源分布情况可以发现（图2-4），该区各省（直辖市）之间煤炭资源分布极不均衡，资源主要集中于冀、鲁、豫、皖4省，北京、天津煤炭资源分布极少，江苏还有少量煤炭资源，但仅分布于省内唯一的产煤地徐州地区。仅从剩余资源量来看，黄淮海区剩余资源量总计为1090.88亿t。其中，以河南最多，达到503.42亿t，占该区剩余资源总量的46.1%；其次为河北、山东、安徽3省，分别为229亿t、171亿t、163亿t，所占比例分别为21.0%、15.7%和14.9%。上述4省剩余资源的绝对量较大，均超过100亿t，在当前仍然具有一定的开发潜力，但北京、天津和江苏3省（直辖市）煤炭资源几乎枯竭。

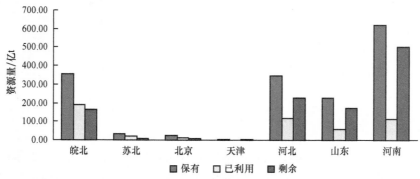

图 2-4　黄淮海区煤炭资源的分布情况

2.3.3　东南区

东南区主要包括闽、浙、赣、苏南、皖南、鄂、湘、粤、桂、琼等省（自治区）和地区。由于江苏和安徽两省煤炭资源均高度集中于大别山以北的黄淮海区，东南区几乎没有煤炭资源分布，因此本区重点关注除去苏南和皖南以外的其他 8 省（自治区）的煤炭资源分布特征。通过图 2-5 可以直观看出，东南区各省（自治区）剩余煤炭资源的绝对量普遍较低，均不超过 35 亿 t；除湖南剩余量超过 20 亿 t 外，其他省（自治区）均在 20 亿 t 以下。这有力地说明了东南区各省（自治区）煤炭资源开采工作已接近尾声，资源基本枯竭。

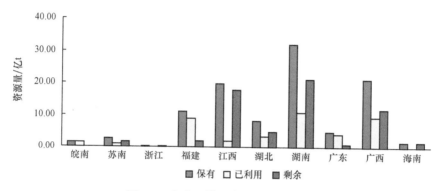

图 2-5　东南区煤炭资源的分布情况

2.3.4　蒙东区

蒙东区主要是指内蒙古呼和浩特以东、大兴安岭以西地区。蒙东区所在的内蒙古自治区主要跨越蒙东区和晋陕蒙（西）宁区 2 个赋煤分区（表 2-9）。通过对蒙东各个矿区煤炭资源的统计发现，蒙东地区保有资源量为 3146.47 亿 t，占内蒙古保有资源总量的 35.3%；剩余资源量为 2925.64 亿 t，占内蒙古剩余资源总量的 35.0%，具有广阔的煤炭资源开发前景。对比大规模煤田的分布情况发现，内蒙古 17 个大型煤田之中有 14 个分布于蒙东地区，蒙西地区仅分布有 3 个大型煤田。然而，蒙西地区的保有资源总量为 5760.72 亿 t。这就反映出蒙东地区资源分布相对分散，资源集中度远低于蒙西地区。蒙东区煤炭资源主要分布于海拉尔、大兴安岭中部、松辽盆地西部、大兴安岭南部、二连 5 个赋煤带 80 多个矿区。

表 2-9　内蒙古煤炭资源的分布情况　　　　　　　　　　　（单位：亿 t）

地区	累计探明资源量	保有资源量	已利用资源量	尚未利用资源量
内蒙古	8962.69	8907.19	540.84	8366.35
蒙东	3167.51	3146.47	220.83	2925.64
蒙西	5795.18	5760.72	320.01	5440.71

2.3.5　晋陕蒙（西）宁区

晋陕蒙（西）宁区主要包括山西、陕北、蒙西、宁夏等地，其中贺兰山以东的内蒙古中部地区隶属蒙西地区。通过对内蒙古中部各个矿区不同资源量的统计发现，蒙西地区保有资源量为 5760.72 亿 t，占内蒙古保有资源总量的 64.7%；剩余资源量为 5440.71 亿 t，占内蒙古剩余资源总量的 65.0%。蒙西地区资源集中度高，煤炭资源主要分布于阴山、鄂尔多斯北缘、贺兰桌子山 3 个赋煤带 20 多个矿区。

从图 2-6 可以明显看出，晋陕蒙（西）宁区除宁夏煤炭资源探明量和剩余量均相对较少以外，其他地区的剩余资源量均超过 1000 亿 t，蒙西地区为 5440.71 亿 t，陕北地区为 1460.92 亿 t，山西为 1286.24 亿 t。虽然宁夏煤炭资源保有量和剩余量相对于其他地区要小的多，但该地区剩余资源量也达到 233.03 亿 t。上述数据表明晋陕蒙（西）宁区煤炭资源的富集程度极高，同时也表明该区煤炭资源开发的前景极为广阔。这也正是其作为"井"字形区划格局下的中心，成为当前我国煤炭资源开发重点区域的根本原因所在。

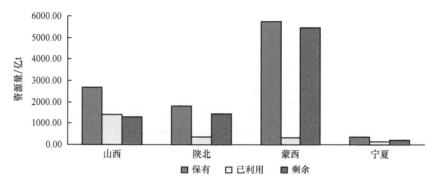

图 2-6　晋陕蒙（西）宁区煤炭资源的分布情况

2.3.6　西南区

西南区主要覆盖龙门—哀牢山以东的滇东、贵州、川东、重庆、陕南等地。四川和云南均跨越了西南区和西藏区。四川主要包含筠连和古叙两大煤田，全省探明煤炭资源总量为 142.79 亿 t。从表 2-10 可以得出，四川煤炭资源主要集中于川东，两大规模煤田也都位于西南区的川东地区。云南的煤炭资源也主要分布在西南区内，即滇东地区。陕南的资源很少，基本可以忽略。

表 2-10　四川省和云南省煤炭资源的分布情况　　　　（单位：亿 t）

地区	累计探明资源量	保有资源量	已利用资源量	尚未利用资源量
四川	142.79	122.71	32.82	89.88
川东	125.74	109.38	28.66	80.72
川西	17.05	13.33	4.16	9.16
云南	301.53	288.75	48.20	240.56
滇东	294.88	282.67	47.33	235.34
滇西	6.65	6.08	0.87	5.22

总体来看（图 2-7），西南区剩余煤炭资源主要分布于贵州和云南两省，其中贵州

占 64.7%，云南占 25.0%。川东的煤炭剩余量仅为 80.72 亿 t，而重庆甚至不到 20 亿 t。西南区贵州和云南两省在当前仍然具有一定的煤炭资源开发潜力；而四川资源开采潜力不大，重庆煤炭资源即将枯竭。

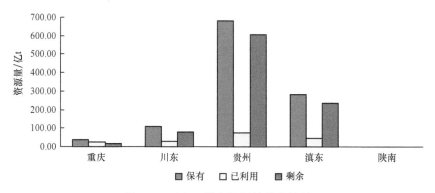

图 2-7   西南区煤炭资源的分布情况

2.3.7   北疆区

新疆为跨分区省份，煤炭资源分布于北疆区和南疆-甘青区。通过对北疆各个矿区煤炭资源的统计发现，北疆地区保有资源量为 2097.85 亿 t，占新疆保有资源总量的 91.4%；剩余资源量为 1455.04 亿 t，占新疆剩余资源总量的 90.3%。北疆地区保有和剩余资源总量远高于南疆地区，具有广阔的煤炭资源开发前景。

2.3.8   南疆-甘青区

南疆-甘青区主要覆盖新疆南部、甘肃、青海等地。从图 2-8 可以看出，南疆地区、甘肃和青海 3 地以南疆地区的探明资源量和剩余资源量最多，剩余资源量为 157.01 亿 t；其次为甘肃，剩余资源量也有 126.82 亿 t。但相较北疆区，其资源前景相对暗淡。青海煤炭资源剩余量较少，仅为 46.62 亿 t。该区域的资源利用率均不到 30%。

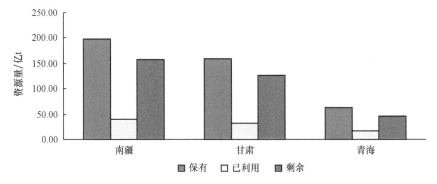

图 2-8   南疆-甘青区煤炭资源的分布情况

2.3.9   西藏区

西藏区主要包括西藏自治区、滇西地区和川西地区。川西地区和滇西地区分别蕴藏 17.05 亿 t 和 6.65 亿 t 的探明资源量；而西藏煤炭资源稀少。本区域基本没有勘探前景。

2.4 煤炭资源储量分布特征

前述统计结果已经表明，我国煤炭资源总量较为丰富，保有煤炭资源量 19 455.89
亿 t。保有资源量属于按利用程度划分的数据。煤炭资源状况可以进一步根据勘查程度
不同，划分为储量和基础储量进行分析，其中储量属于基础储量中的经济可采部分。全
国煤炭资源储量和基础储量的分布情况见表 2-11。

表 2-11　我国煤炭资源储量和基础储量的分布情况　　　（单位：亿 t）

"井"字形分区	地区	储量	基础储量
东北区	辽宁	—（18.71）	31.18
	吉林	1.28	12.40
	黑龙江	9.44	74.14
	小计	29.43	117.72
黄淮海区	皖北	40.58	88.03
	苏北	6.98	11.22
	北京	—（0）	9.40
	天津	—（0）	2.97
	河北	18.97	54.26
	山东	—（34.26）	57.10
	河南	72.64	115.36
	小计	173.43	338.34
东南区	皖南	0.2	0.81
	苏南	—（0.41）	0.68
	浙江	—（0）	0.00
	福建	2.5	4.45
	江西	—（4.20）	7.00
	湖北	0.22	3.27
	湖南	16.83	24.60
	广东	—（0）	0.00
	广西	2.83	4.90
	海南	—（0）	0.90
	小计	27.19	46.61
蒙东区	蒙东	—（115.54）	192.56
	小计	115.54	192.56
晋陕蒙（西）宁区	山西	577.82	1036.94
	陕北	—（125.85）	209.75
	蒙西	—（108.11）	180.19
	宁夏	18.13	42.12
	小计	829.91	1469.00

续表

"井"字形分区	地区	储量	基础储量
西南区	重庆	—（3.66）	6.09
	川东	—（40.71）	67.85
	贵州	126.58	186.86
	滇东	47.54	86.19
	陕南	—（0.09）	0.15
	小计	218.58	347.14
北疆区	北疆	41.10	127.12
	小计	41.10	127.12
南疆-甘青区	南疆	11.92	20.91
	甘肃	23.57	45.91
	青海	9.30	13.39
	小计	44.79	80.21
西藏区	滇西	2.38	3.84
	川西	—（5.48）	9.14
	西藏	—（0.14）	0.24
	小计	8.00	13.22
全国	总计	1487.97	2731.92

注：由于在新一轮的煤炭资源评价中，我国部分省份的储量数据不详（以"—"代表），本研究按照平均回采率为60%进行统一估算（计算方法为储量＝基础储量×60%），计算结果填入"—"后的括号中。北京、天津、浙江、海南等省（直辖市）的储量直接设为0，仅作为参考。基础储量是能满足现行采矿和生产所需的指标要求（包括品位、质量、厚度、开采技术条件等）的，是经详查、勘探所获控制、探明的，并通过可行性研究、预可行性研究认为属于经济、边界经济的部分，用未扣除设计、采矿损失的数量表述。储量指基础储量中的经济可采部分，即在预可行性研究、可行性研究或编制年度采掘计划的当时，经过对经济、开采、选冶、环境、法律、市场、社会和政府等诸因素的研究和相应修改，结果表明，在当时是经济可采或已经开采的部分，用扣除了设计、采矿损失的可实际开采数量表述。

　　统计结果表明，我国煤炭资源的基础储量约为 2731.92 亿 t，其中储量约为 1487.97 亿 t（本书估算值），占全国保有煤炭资源总量的 7.6%。如果从人均规模来看，我国人均可采煤炭资源储量约为 114.4t。

　　从区域分布来看（表 2-12），中部地区的资源最为富集，分别贡献全国资源储量和基础储量的 78.2% 和 73.5%。东部地区次之，资源储量为 230.05 亿 t，占全国总资源储量的 15.5%；基础储量为 502.67 亿 t，占全国资源基础储量的 18.4%。西部地区储量和基础储量均最低，表明该地区地质勘探工作仍有大量工作要做。

表 2-12　我国东部、中部和西部的煤炭资源储量和基础储量情况

区域	资源储量		资源基础储量	
	数量/亿 t	占全国比例/%	数量/亿 t	占全国比例/%
东部	230.05	15.5	502.67	18.4
中部	1164.03	78.2	2008.70	73.5
西部	93.89	6.3	220.55	8.1

2.5 煤层气资源分布特征

2005~2006 年，国土资源部组织中联煤层气有限责任公司、中国石油天然气集团公司、中国石油化工集团公司、中国矿业大学等单位，开展了新一轮全国煤层气资源评价，结果表明，我国埋深 2000 m 以浅的煤层气地质资源量为 36.81 万亿 m^3，地质资源丰度为 0.98 亿 m^3/km^2；埋深 1500 m 以浅的煤层气可采资源量为 10.87 万亿 m^3（贺天才和秦勇，2007）。

2.5.1 地域分布

我国煤层气资源主要分布在东部、中部、西部及南方四大区（表 2-13）。东部大区包括太行山以东、大别山以北的广大地区（主要在东北区和黄淮海区），煤层气资源在我国最为丰富，煤层气地质资源量（以下简称煤层气资源量）113 183.70 亿 m^3，可采资源量 43 176.69 亿 m^3，资源丰度 1.13 亿 m^3/km^2，前两者分别占全国的 30.75% 和 39.72%。中部大区位于太行山以西、贺兰山—六盘山以东和秦岭以北〔主要在蒙东区和晋陕蒙（西）宁区〕，煤层气资源量 104 676.36 亿 m^3，可采资源量 19 981.32 亿 m^3，资源丰度 0.81 亿 m^3/km^2，前两者分别占全国的 28.44% 和 18.38%。西部大区位于贺兰山—六盘山以西、天山—祁连山以北（主要在北疆区），煤层气资源量 103 592.06 亿 m^3，可采资源量 28 583.20 亿 m^3，资源丰度 1.02 亿 m^3/km^2，前两者分别占全国的 28.14% 和 26.29%。南方大区位于秦岭—大别山以南、横断山脉以东（主要在东南区和西南区），煤层气资源量 46 621.85 亿 m^3，可采资源量 16 963.68 亿 m^3，资源丰度 1.06 亿 m^3/km^2，前两者分别占全国的 12.66% 和 15.61%。青藏大区（主要在南疆-甘青区和西藏区）煤层气资源量为 44.34 亿 m^3，但煤炭资源勘探程度极低。

表 2-13 全国煤层气资源大区分布情况

大区	地质资源		可采资源		资源丰度 / （亿 m^3/km^2）
	数量/亿 m^3	占全国比例/%	数量/亿 m^3	占全国比例/%	
东部	113 183.70	30.75	43 176.69	39.72	1.13
中部	104 676.36	28.44	19 981.32	18.38	0.81
西部	103 592.06	28.14	28 583.20	26.29	1.02
南方	46 621.85	12.66	16 963.68	15.61	1.06
青藏	44.34	0.01	0.00	0.00	0.07
合计	368 118.32	100.00	108 704.88	100.00	0.98

注：受数据来源限制，本表的大区划分与"井"字形区划并不一致。

从含气盆地（群）分析，按照煤层气资源量的规模，将全国 41 个含气盆地（群）分为 4 类：资源量大于 10 000 亿 m^3 的为大型含气盆地（群），共有 9 个，依次为鄂尔多斯、沁水、准噶尔、滇东黔西、二连、吐哈、塔里木、天山和海拉尔盆地（群）；资源量 1000 亿~10 000 亿 m^3 的为中型含气盆地（群），有川南-黔北、豫西、四川等 15

个；资源量 200 亿～1000 亿 m³ 的为中小型含气盆地（群），有阴山、湘中、滇中等 6 个；资源量小于 200 亿 m³ 的为小型含气盆地（群），包括辽西、敦化-抚顺、冀北等 11 个。

我国煤层气资源量的盆地分布具有两个基本特点。

第一，资源集中分布在大型含气盆地（群）。9 个大型含气盆地（群）累计煤层气资源量为 309 699.49 亿 m³，累计可采资源量为 93 226.58 亿 m³，分别占全国的 84.13% 和 85.76%，是我国煤层气资源分布的主体（图 2-9）。其中，鄂尔多斯盆地煤层气资源量最大，达 98 634.27 亿 m³，占全国的 26.79%；资源量超过 30 000 亿 m³ 的盆地（群）还有沁水、准噶尔和滇东黔西，分别为 39 500.42 亿 m³、38 268.17 亿 m³ 和 34 723.72 亿 m³，占全国的 10.73%、10.40% 和 9.43%。可采资源量最多的是二连褐煤盆地，达 21 026.38 亿 m³，占全国的 19.34%；可采资源量超过 10 000 亿 m³ 的盆地（群）还有鄂尔多斯、滇东黔西和沁水，分别为 17 870.59 亿 m³、12 892.88 亿 m³ 和 11 216.22 亿 m³，占全国的 16.44%、11.86% 和 10.32%。其他含气盆地（群）煤层气资源规模较小。

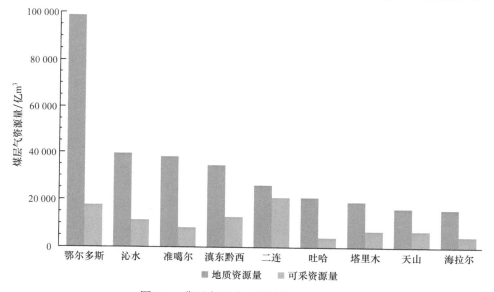

图 2-9　我国主要盆地煤层气资源量分布

第二，盆地（群）之间在煤层气资源丰度与可采系数方面差异极大。大同盆地资源丰度最高（2.99 亿 m³/km²），松辽、浙赣边等盆地只有 0.07 亿 m³/km²。大型盆地（群）的平均资源丰度为 1.32 亿 m³/km²，中型盆地（群）为 1.40 亿 m³/km²，中小型盆地（群）为 0.59 亿 m³/km²，小型盆地（群）只有 0.33 亿 m³/km²。总体上，盆地资源规模越大，资源丰度越高（图 2-10）。资源丰度大于 1.5 亿 m³/km² 的盆地有大同、吐哈等 11 个盆地（群），0.5 亿～1.5 亿 m³/km² 的有沁水、海拉尔等 15 个盆地（群），小于 0.5 亿 m³/km² 的有塔里木等 15 个盆地（群）。41 个含气盆地（群）的煤层气可采系数变化在 12.96%（二连）、81.45%（松辽）之间，可采系数大于 50% 的盆地有二连、辽西等 14 个盆地（群），小于 50% 的有浙赣边、长江下游等 27 个盆地（群）。

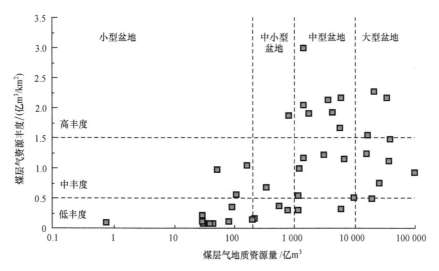

图 2-10　我国盆地煤层气资源量与资源丰度之间关系

■ 示意盆地分布关系

就全国 121 个聚气区带来看，煤层气资源量最大的是沁水区带（36 171.39 亿 m³），其次为鄂尔多斯盆地的东缘、西缘和中部这 3 个区带，资源量分别是 34 332.66 亿 m³、34 174.08 亿 m³ 和 23 419.10 亿 m³；资源量大于 10 000 亿 m³ 的区带还有吐哈、准南、霍林河、六盘水、塔里木盆地南缘、伊犁、织纳、准东、伊敏等 13 个区带，资源量为 1000 亿～10 000 亿 m³ 的有鄂尔多斯盆地南缘、准北等 29 个区带。可采资源量最大的是霍林河周缘区带（15 663.98 亿 m³），可采资源量大于 7000 亿 m³ 的还有鄂尔多斯盆地东缘、六盘水和沁水区带；可采资源量 1000 亿～5000 亿 m³ 的有准南、塔里木盆地南缘等 20 个区带。同时，煤层气资源量高于 1000 亿 m³ 的区带中除塔里木南缘外，其他区带的资源丰度全部大于 0.5 亿 m³/km²。

2.5.2　层域分布

我国煤层气资源主要赋存在古生界石炭系、二叠系以及中生界三叠系、侏罗系和白垩系，新生界古近系和新近系的煤层气资源较少。中生界煤层气资源量 205 107.36 亿 m³，可采资源量 61 588.82 亿 m³，分别占全国的 55.72% 和 56.66%；古生界煤层气资源量 162 648.99 亿 m³，可采资源量 46 908.85 亿 m³，分别占全国的 44.18% 和 43.15%；新生界煤层气资源量 361.97 亿 m³，可采资源量 207.22 亿 m³，仅占全国的 0.10% 和 0.19%（表 2-14）。

全国各大区煤层气资源层域分布不均衡，分布特点因地而异。其中，东部大区煤层气资源集中在古生界和中生界，地质资源量分别占该区的 59.17% 和 40.66%；中部大区只分布在古生界和中生界，地质资源量分别占该区的 46.74% 和 53.26%；西部大区集中分布在中生界，地质资源量占该区的 99.62%，古生界的只占 0.38%；南方大区基本上分布在古生界，中生界和新生界煤层气资源只占该区的 0.67%；青藏大区煤层气资源基本上分布在古生界。

表 2-14　全国煤层气资源层域分布评价结果

大区	层域	地质资源		可采资源	
		数量/亿 m^3	比例/%	数量/亿 m^3	比例/%
东部	新生界	191.40	0.17	75.71	0.18
	中生界	46 018.17	40.66	26 239.60	60.77
	古生界	66 974.12	59.17	16 861.39	39.05
中部	中生界	55 745.72	53.26	6 860.80	34.34
	古生界	48 930.64	46.74	13 120.52	65.66
西部	中生界	103 201.34	99.62	28 423.78	99.44
	古生界	390.72	0.38	159.42	0.56
南方	新生界	170.57	0.37	131.51	0.78
	中生界	142.12	0.30	64.64	0.38
	古生界	46 309.16	99.33	16 767.52	98.84
青藏	古生界	44.34	100	0.00	—
合计	新生界	361.97	0.10	207.22	0.19
	中生界	205 107.36	55.72	61 588.82	56.66
	古生界	162 648.99	44.18	46 908.85	43.15

2.5.3　埋深分布

就深度分布而言，我国埋深小于 1000 m 的煤层气资源量较多。其中，风化带下限深度至 1000 m 的煤层气资源量 142 707.99 亿 m^3，可采资源量 62 713.27 亿 m^3，分别占全国的 38.77% 和 57.69%；埋深 1000~1500 m 的煤层气资源量 106 111.73 亿 m^3，可采资源量 45 991.60 亿 m^3，分别占全国的 28.83% 和 42.31%；埋深 1500~2000 m 的煤层气资源量 119 298.60 亿 m^3，占全国的 32.41%，在此深度范围内未评价煤层气可采资源量。

各大区煤层气资源深度分布特征有所不同。其中，东部大区风化带下限深度约 1000 m 的煤层气资源量占该区的 47.89%，埋深 1000~1500 m 和 1500~2000 m 的煤层气资源量大致相当；中部大区埋深 1500~2000 m 的煤层气资源占 41.43%，风化带下限深度至 1000 m 和 1000~1500 m 的资源量所占比例分别为 29.73% 和 28.84%；西部大区埋深 1500~2000 m 的煤层气资源量占该区的 38.23%，埋深 1000~1500 m 的占 33.89%，1000 m 以浅的占 27.89%；南方大区风化带下限深度至 1000 m 的煤层气资源量占该区的 61.03%，1000 m 以深的小于 40%；青藏大区煤层气资源基本上分布在 1000 m 以浅的范围内。具体数据见表 2-15。

2.5.4　类别分布

在新一轮资源评价中，根据单层煤厚、含气量、埋深、渗透率、压力状态 5 个参数将煤层气资源分为 3 类。其中，Ⅰ类资源的赋存条件最好，Ⅱ类次之，Ⅲ类较差。

表 2-15 全国煤层气资源深度分布评价结果

大区	埋藏深度/m	地质资源		大区	埋藏深度/m	地质资源	
		数量/亿 m³	比例/%			数量/亿 m³	比例/%
东部	风化带下限至1000	54 207.62	47.89	南方	风化带下限至1000	28 452.71	61.03
	1000~1500	29 861.06	26.38		1000~1500	10 959.14	23.51
	1500~2000	29 115.01	25.72		1500~2000	7 210.00	15.46
中部	风化带下限至1000	31 116.13	29.73	青藏	风化带下限至1000	44.34	100.00
	1000~1500	30 188.54	28.84	合计	风化带下限至1000	142 707.99	38.77
	1500~2000	43 371.69	41.43		1000~1500	106 111.73	28.83
西部	风化带下限至1000	28 887.19	27.89		1500~2000	119 298.60	32.41
	1000~1500	35 102.99	33.89				
	1500~2000	39 601.88	38.23				

评价结果表明,我国煤层气资源以Ⅱ类为主,其次为Ⅰ类,Ⅲ类最少(表 2-16)。Ⅰ类、Ⅱ类和Ⅲ类煤层气资源量分别为 129 294.07 亿 m³、220 372.95 亿 m³ 和 18 451.30亿 m³,占全国的比例为 35.12%、59.86% 和 5.01%;可采资源量分别为 46 467.44亿 m³、56 318.92 亿 m³ 和 5918.53 亿 m³,占全国的比例为 42.75%、51.81% 和 5.44%。

表 2-16 全国煤层气资源类别分布评价结果

大区	资源类别	地质资源		可采资源	
		数量/亿 m³	比例/%	数量/亿 m³	比例/%
东部	Ⅰ	39 051.36	34.50	19 692.68	45.61
	Ⅱ	73 314.53	64.77	23 444.22	54.30
	Ⅲ	817.81	0.72	39.80	0.09
中部	Ⅰ	40 240.12	38.44	10 026.48	50.18
	Ⅱ	64 436.24	61.56	9 954.84	49.82
西部	Ⅰ	29 090.35	28.08	7 846.40	27.45
	Ⅱ	56 917.13	54.94	14 860.80	51.99
	Ⅲ	17 584.58	16.97	5 876.00	20.56
南方	Ⅰ	20 912.23	44.86	8 901.88	52.48
	Ⅱ	25 705.05	55.14	8 059.07	47.51
	Ⅲ	4.57	0.01	2.73	0.02
青藏	Ⅲ	44.34	100.00	0.00	—
合计	Ⅰ	129 294.07	35.12	46 467.44	42.75
	Ⅱ	220 372.95	59.86	56 318.92	51.81
	Ⅲ	18 451.30	5.01	5 918.53	5.44

　　按大区统计：东部大区煤层气资源以 II 类为主（占该区总资源量的 64.77%），I 类占 34.50%，III 类资源量仅占 0.72%；中部大区只有 I 类和 II 类资源，其中 I 类资源在各大区域中最多；西部大区的 III 类资源在各大区域中最多，但只占本区的 16.97%；南方大区的 I 类和 II 类煤层气资源分别占该区总资源量的 44.86% 和 55.14%，两类资源量比例最为接近；在青藏大区，目前只有 III 类煤层气资源。

　　我国煤层气资源主要分布在晋陕蒙、云贵川、新疆和冀豫皖四大地区；除新疆外，其他 3 个地区都是我国目前的主要煤炭资源开发基地，对煤炭资源与煤层气资源协同开发的需求尤为迫切。煤炭与煤层气赋存于同一地质体，具有共同的地质属性。只采煤炭而不注重煤层气抽采，不仅将造成资源的浪费，而且会给矿井安全生产留下极大隐患。只强调煤层气抽采而忽略煤炭开采，有可能无法保障煤炭生产的正常接替，并可能由于地层在不同程度上的破坏而给煤炭生产造成新的安全隐患。在这两个方面，我国前期已有代价高昂的教训。推动煤炭资源与煤层气资源协同开发机制与措施的创新，是保障两个产业共同发展的根本途径。

第3章 中国水资源的分布特征

3.1 水资源总体分布

水资源是人类赖以生存的基础，是维系生态平衡与经济社会可持续发展的重要资源。近年来，我国国民经济保持高速增长，但我国水资源总量总体并无实质增加，某些年份甚至呈减少的趋势（图3-1）。根据《中国统计年鉴2010》，2009年，我国水资源总量为24 180.2亿 m^3，其中地表水资源总量23 125.2亿 m^3，地下水资源总量7267.0亿 m^3（表3-1）。

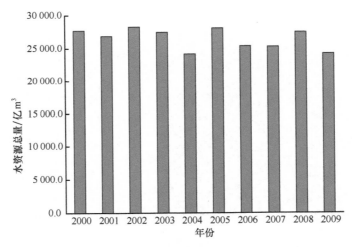

图 3-1　我国历年水资源总量情况（2000~2009 年）

表 3-1　我国水资源总量概况　　　　　　　　　　　　　　　　（单位：亿 m^3）

年份	水资源总量	地表水资源量	地下水资源量	地表水与地下水资源重复量
2000	27 700.8	26 561.9	8 501.9	7 363.0
2001	26 867.8	25 933.4	8 390.1	7 455.7
2002	28 261.3	27 243.3	8 697.2	7 679.2
2003	27 460.2	26 250.7	8 299.3	7 089.9
2004	24 129.6	23 126.4	7 436.3	6 433.1
2005	28 053.1	26 982.4	8 091.1	7 020.4

续表

年份	水资源总量	地表水资源量	地下水资源量	地表水与地下水资源重复量
2006	25 330.1	24 358.1	7 642.9	6 670.8
2007	25 255.2	24 242.5	7 617.2	6 604.5
2008	27 434.3	26 377.0	8 122.0	7 064.7
2009	24 180.2	23 125.2	7 267.0	6 212.1

按照目前引用最广泛的多年平均数据，我国多年平均水资源总量为 28 412 亿 m^3，多年平均地表水资源量为 27 375 亿 m^3。水资源总量列世界第 6 位，低于巴西、俄罗斯、加拿大、美国、印度尼西亚。由于人多地广，人均、地均和亩①均水资源占有量均很低。全国人均占有水资源量为 2200 m^3，仅为世界人均占有量的 28%，列世界第 128 位；单位国土面积水资源量为 29.9 万 m^3 / km^2，为世界平均水平的 83%；耕地亩均占有水资源量为 1440 m^3，约为世界平均水平的 1/2（水利部南京水文水资源研究所，1999；中华人民共和国水利部，2010）。可见我国水资源并不富裕。2009 年，我国人均水资源量仅为 1816.2 m^3（图 3-2），单位国土面积水资源量为 25.2 万 m^3 / km^2。

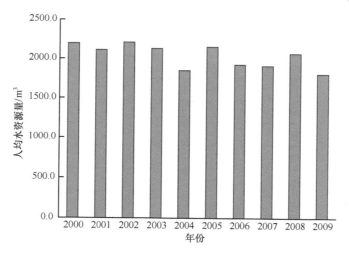

图 3-2　我国历年人均水资源量情况（2000～2009 年）

3.2　水资源分布规律

3.2.1　水资源区域分布

我国水资源分布与土地资源、人口、其他资源以及生产力布局不相匹配，从各地区分布来看（表 3-2），总体表现为南方多、北方少，东部多、西部少，山区多、平原少。我国西藏的水资源总量最大，占全国水资源总量的 16.7%，其次为四川、广东、云南、广西、湖南、江西和黑龙江，所占比例均在全国水资源总量的 4% 以上（图 3-3）。

---

① 1 亩 ≈ 0.066667hm^2。

表 3-2 "井"字形区划下我国水资源的分布情况（2009 年）

区域	省（自治区、直辖市）	水资源总量/亿 m³	地表水资源量/亿 m³	地下水资源量/亿 m³	地表水与地下水资源重复量/亿 m³	人均水资源量/m³
东部	辽宁	170.96	137.98	87.61	54.6	396.02
	吉林	298.04	252.81	97.25	52.02	1 088.93
	黑龙江	989.61	845.59	313.45	169.43	2 586.87
	北京	21.84	6.76	17.76	2.68	126.61
	天津	15.24	10.59	5.60	0.95	126.79
	河北	141.16	47.54	122.7	29.08	201.32
	江苏	400.31	306.05	110.8	16.54	519.82
	安徽	733.10	685.92	185.43	138.25	1 195.34
	山东	284.95	173.80	180.71	69.55	301.75
	河南	328.77	208.30	188.05	67.58	347.61
	上海	41.57	34.60	9.92	2.95	218.28
	浙江	931.35	917.4	208.01	194.06	1 808.45
	福建	800.81	799.59	244.65	243.43	2 214.94
	江西	1 166.91	1 144.67	312.89	290.65	2 642.46
	湖北	825.28	794.45	263.45	232.61	1 443.94
	湖南	1 400.47	1 393.78	351.74	345.05	2 190.63
	广东	1 613.68	1 604.07	407.64	398.04	1 682.49
	广西	1 484.31	1 484.31	256.84	256.84	3 069.3
	海南	480.71	474.64	106.30	100.29	5 596.16
中部	山西	85.76	47.67	76.15	38.06	250.83
	内蒙古	378.15	263.36	214.35	99.57	1 563.88
	陕西	416.49	393.66	132.39	109.56	1 105.63
	宁夏	8.42	6.02	22.07	19.67	135.51
	重庆	455.92	455.92	81.86	81.86	1 600.27
	四川	2 332.16	2 330.56	579.99	578.39	2 857.51
	贵州	910.03	910.03	248.97	248.97	2 397.65
	云南	1 576.6	1 576.6	582.64	582.64	3 459.73
西部	甘肃	209.02	201.79	123.59	116.36	794.32
	青海	895.11	873.94	392.31	371.14	16 113.59
	新疆	754.31	713.66	470.47	429.82	3 516.60
	西藏	4 029.16	4 029.16	871.45	871.45	139 658.93

资料来源：国家统计局，2010a

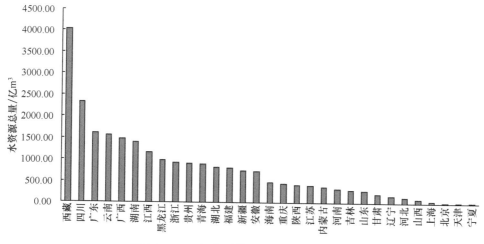

图 3-3　2009 年我国分地区水资源总量情况

　　然而，西北省份水资源普遍匮乏，山西、内蒙古、陕西和宁夏的水资源总量分别仅占全国水资源总量的 0.4%、1.6%、1.7% 和近乎 0；即使是相对幅员辽阔的新疆，所拥有的水资源总量也仅占全国水资源总量的 3.1%。2009 年，主要煤炭产区所在的山西、陕西、宁夏、内蒙古、新疆 5 省（自治区）水资源总量仅占全国的 6.8%。如果从单位陆地面积的水资源总量来看，形势更不乐观。山西、新疆、甘肃、内蒙古、宁夏的单位面积水资源量最少，均不足 6 万 m^3/km^2，缺水严重（图 3-4）。主要产煤区整体上存在水资源匮乏问题。对应水资源条件限制，我国西北地区属于干旱和半干旱地区，年平均降水量 235mm 左右，而年蒸发量却高达 1000~2600mm，干燥程度严重，属于严重缺水地区（钱正英和陈志恺，2004）。

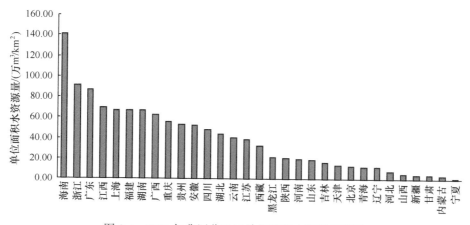

图 3-4　2009 年我国分地区单位面积水资源量情况

　　西南地区的水资源十分丰富，主要水系属于长江流域、珠江流域和 4 条西南国际河流及藏北羌塘内陆河流域。广西、云南、贵州、四川、重庆和西藏等地的国土面积仅占西部地区面积的 38.1%，而水资源总量却占西部水资源总量的 80% 以上。虽然西南地区水资源相对丰富，但开发利用较困难，工程型缺水严重，而且因时空分布与需求不相适应，区域性和季节性水资源短缺现象同样严重（水利部南京水文水资源研究所，1999）。

从人均水资源总量情况来看，虽然2009年我国人均水资源量为1816.2 m^3，但实际上达到全国平均水平的地区只有12个。从表3-2中可以发现，北方许多地区甚至远远低于全国人均水资源量的平均水平，如北京、天津、河北、山西、辽宁、山东、河南、宁夏等。

在地区水资源的构成中，北方地区地下水资源所占比例尤为突出。北京、河北、山西和宁夏的地下水占主要部分，内蒙古、山东、河南的地下水和地表水的水资源量基本相当。天津、辽宁、甘肃、青海和新疆也有30%以上的水资源来自于地下水资源。对于大部分西北产煤地区来说，地下水资源是主要的水资源来源，所占比例十分突出。

从流域来看，各大流域的水资源情况与地区分布总体一致，南方长江区、西南诸河以及珠江区的水资源最为丰富，而辽河、海河和黄河区的水资源普遍匮乏，上述结果与各流域降水量情况基本一致（中华人民共和国水利部，2010），详见图3-5和图3-6。

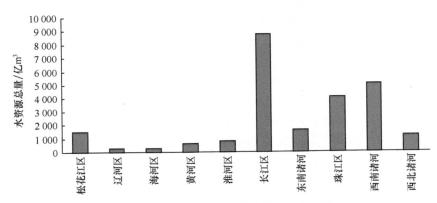

图3-5　2009年我国各流域水资源总量情况

资料来源：中华人民共和国水利部，2010

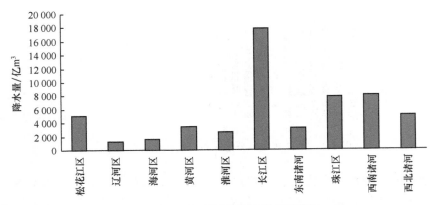

图3-6　2009年我国各流域降水量情况

资料来源：中华人民共和国水利部，2010

3.2.2　水资源与煤炭资源分布的关系

整体上，我国水资源与煤炭资源呈逆向分布。我国干旱和半干旱地区，地形地貌复杂，为黄土高原、沙漠和丘陵山区，沟壑纵横，水资源条件差；而我国煤炭资源丰富的区域又多处于干旱和半干旱地带。

我国"井"字形东部地区，国土面积约占全国的 29.6%，探明煤炭资源量仅占全国的 11.6%，保有煤炭资源量占全国的 10.5%，而 2009 年水资源总量为 12 129.07 亿 m^3，占全国的 50.2%（图 3-7 和图 3-8）。东部省份的水资源丰度（单位面积水资源量）普遍较高，而煤炭资源丰度（单位面积保有煤炭资源量）却普遍较低（图 3-9 和图 3-10）。

"井"字形中部国土面积约占全国的 28.7%，探明煤炭资源量占全国探明煤炭资源总量的 75.6%，保有煤炭资源量占全国的 76.5%，区域煤炭资源丰度最高，而水资源总量为 6163.52 亿 m^3，占全国的 25.5%。特别是中部的山西、陕西、内蒙古、宁夏 4 省（自治区），保有煤炭资源量占全国的 70.8%，而水资源总量仅占全国的 3.7%，总体平均水资源丰度仅为 5.52 万 m^3/km^2，内蒙古、宁夏等地甚至更低（图 3-10）。

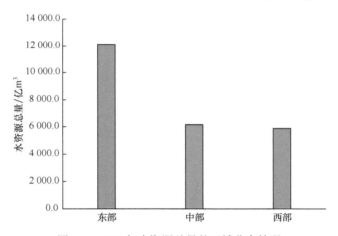

图 3-7　2009 年水资源总量的区域分布情况

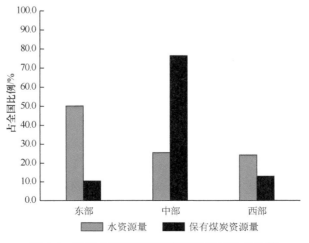

图 3-8　我国水资源和煤炭资源的区域构成比较

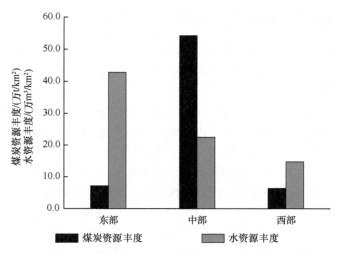

图 3-9   2009 年三大区域的煤炭资源丰度与水资源丰度比较

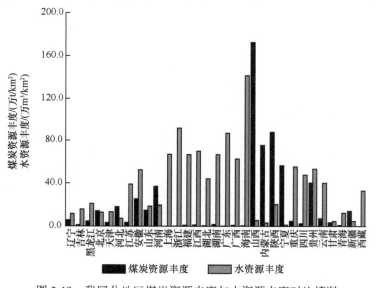

图 3-10   我国分地区煤炭资源丰度与水资源丰度对比情况

　　"井"字形西部国土面积约占全国的 41.7%，探明煤炭资源量占全国的 12.8%，保有煤炭资源量占全国的 13.1%，水资源总量占全国的 24.3%，但总体平均水资源丰度仅为 14.75 万 m^3/km^2。特别是甘肃、青海和新疆的探明煤炭资源量占全国的 12.7%，保有煤炭资源量占全国的 12.9%，水资源总量只占全国的 7.7%。

　　未来中国煤炭资源主要依靠中西部的富煤区。但是这些地区大多处于干旱、半干旱的缺水区域（如晋陕蒙宁地区），水资源条件差，供水主要靠抽取地下水资源和矿井水综合利用，普遍存在水资源短缺问题。水资源供需矛盾不可避免地成为开发中西部煤田的重要制约因素。

3.2.3　中国水资源利用的总体特征

3.2.3.1　用水总量的持续增长

中国用水总量接近发达国家美国的用水量，是世界上两个用水最多的国家之一。1949 年总用水量为 1031 亿 m^3；1979 年为 4767 亿 m^3；1997 年为 5623 亿 m^3。但中国是一个发展中国家，经济相对落后于美国，如此之大的用水量与我国的经济发展程度不相适应。这实际上反映出水的利用率很低，所以我国也是世界上水资源浪费最严重的国家。2009 年，全国总用水量达 5965.2 亿 m^3，其中农业、工业、生活和生态用水分别占 62.4%、23.3%、12.5% 和 1.7%。2009 年全国总供水量占当年水资源总量的 24.7%。其中，地表水源供水量占 81.1%，地下水源供水量占 18.3%，其他水源供水量占 0.6%。随着经济社会发展和生态环境保护用水需求的不断增长，未来我国水资源的供需将更为紧张。

3.2.3.2　水资源开发利用在区域上的明显差异

从流域来看，根据《21 世纪中国水供求》（水利部南京水文水资源研究所，1999），我国水资源按其自然和地理特点可以大致分为 4 类地区。

第一类地区包括东北黑龙江、鸭绿江和西南雅鲁藏布江、怒江、澜沧江、红河以及西北伊犁河、额尔齐斯河等国际界河或出境河流域，简称为外流区。该区水资源量约为全国水资源量的 1/4，人均水资源量为全国平均的 3.8 倍，水资源利用率最低，为 5.5%。

第二类地区包括长江、珠江及东南沿海诸河等流域，简称为南方区。该区水资源量占全国水资源总量的一半以上，人均水资源量为全国平均的 1.1 倍。

第三类地区包括黄河、淮河、海河及辽河等流域，简称为北方区。该区水资源总量约为全国水资源总量的 9.1%，人均水资源量约为全国平均的 1/4，水资源利用率最高，为 63.8%。

第四类地区主要为内陆河地区，简称为内陆区。该区水资源总量约为全国的 3.6%，人均水资源量为全国平均的 1.9 倍，水资源利用率为 49.2%。

根据世界各国的实践经验来看，当水资源利用率超过 40%~50% 时，就会出现水资源严重短缺和生态恶化等一系列问题。我国地广人多，地区水资源分布严重不均，尤其是北方地区缺水问题严重。我国北方地区水资源可利用总量约占其水资源总量的 51%，目前北方大部分地区水资源开发利用程度相当高，开发利用潜力已非常有限，已经成为制约当地经济社会可持续发展和生态环境改善的重要因素。

具体到地区水平来看，2009 年我国分地区供水格局见表 3-3。东部地区供用水量最大，占全国供用水总量的 72.1%，中部和西部地区供用水量基本相当，分别占全国用供水总量的 16.0% 和 11.9%（图 3-11）。

如果按照南、北方来看，南方各省级行政区以地表水源供水为主，大多占其总供水量的 90% 以上；而北方诸多地区供水主要靠抽取地下水，地下水占总供水量的比例不断升高，其中河北、北京、山西、河南 4 个省（直辖市）的地下水供应量均占总供水量的 50% 以上（图 3-12）。

表 3-3　2009 年我国分地区供用水情况　　　（单位：亿 m³）

区域	地区	供用水总量	地表水	地下水	其他
东部	辽宁	142.79	71.60	67.35	3.84
	吉林	111.09	68.58	42.51	0.00
	黑龙江	316.25	180.22	136.04	0.00
	北京	35.50	7.20	21.80	6.50
	天津	23.37	17.21	6.01	0.15
	河北	193.72	37.46	154.64	1.62
	江苏	549.23	540.40	8.83	0.00
	安徽	291.86	265.27	26.10	0.49
	山东	219.99	119.62	97.04	3.33
	河南	233.71	94.32	138.99	0.40
	上海	125.20	124.95	0.26	0.00
	浙江	197.76	192.28	4.96	0.52
	福建	201.44	196.38	4.80	0.26
	江西	241.25	230.88	10.37	0.00
	湖北	281.41	271.51	8.83	1.07
	湖南	322.33	301.78	20.56	0.00
	广东	463.41	440.84	20.95	1.62
	广西	303.36	289.04	11.61	2.71
	海南	44.46	41.01	3.45	0.00
中部	山西	56.27	23.33	32.95	0.00
	内蒙古	181.25	93.46	87.49	0.30
	陕西	84.34	50.89	33.09	0.36
	宁夏	72.23	67.03	5.21	0.00
	重庆	85.30	83.49	1.76	0.05
	四川	223.46	204.62	16.40	2.44
	贵州	100.38	93.18	6.98	0.22
	云南	152.64	145.74	4.32	2.58
西部	甘肃	120.63	94.71	23.98	1.94
	青海	28.76	23.94	4.71	0.11
	新疆	530.90	440.25	89.96	0.69
	西藏	30.85	28.27	2.58	0.00

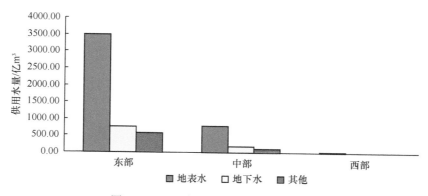

图 3-11　2009 年三大区域的供用水格局

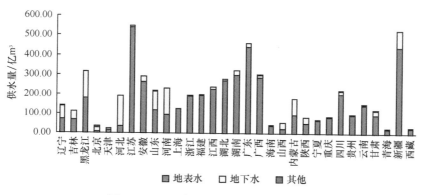

图 3-12　2009 年我国分地区供用水格局

北方辽河、海河、黄河、松花江流域地下水供水非常突出，地下水供水量均在 30% 以上。辽河流域和海河流域地下水供水量的比例甚至高达 54.7% 和 63.8%，如图 3-13 所示。

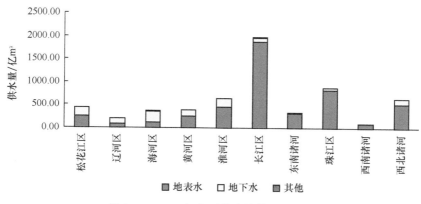

图 3-13　2009 年我国分流域供用水格局

从用水构成来看，农业用水在各区域的用水格局中所占比例均最大。中部和西部农业用水量分别为 592.5 亿 m³ 和 632.2 亿 m³，在中部和西部总用水量中所占比例分别为 62.0% 和 88.9%（图 3-14）。

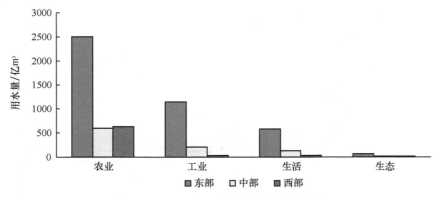

图 3-14　2009 年三大区域用水分布情况

具体到重要的产煤区——晋陕蒙宁地区和新疆来看（图 3-15），农业用水所占比例最高，在宁夏和新疆甚至高达 90% 以上。目前我国西部地区农业用水普遍还停留在漫灌的水平，科学灌溉面积有限。上述用水格局反映出，在西部富煤地区，挖掘农业用水的节水潜力，与农业置换用水权，通过配置用水格局，发展区域煤炭基地、煤化工和煤电产业，是可行的方向。

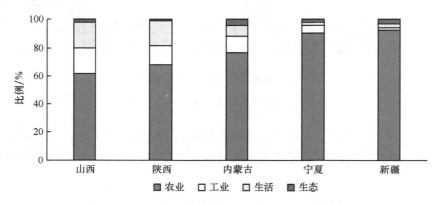

图 3-15　2009 年晋陕蒙宁地区和新疆用水构成情况

3.2.3.3　水环境形势严峻

据《中国水资源公报 2009》，对全国 16.1 万 km 的河流水质进行的监测评价结果表明，Ⅳ类水以上河长占 41.1%（中华人民共和国水利部，2010）。各水资源一级区中，松花江区、黄河区、辽河区、淮河区和海河区水质较差。在西北干旱地区和内陆河流域，因水资源开发利用程度的提高，引发荒漠化现象加剧，生态环境恶化。

从我国水资源开发利用总体格局来看，从某种意义上讲，水资源是制约我国中西部地区煤炭资源开发乃至整个国民经济发展的重要因素。从长远来看，中西部地区煤炭工业发展不仅缺水，而且必然也存在着和工农业争水的问题。随着煤炭资源的进一步开发，若不采取切实有效的措施保护水资源，煤炭资源开发与水资源供需之间的矛盾将日益加剧。在中西部地区寻找煤矿建设所需要的水资源，比找煤更为紧迫，也更为困难。

中国主要产煤区严重缺水的同时，煤矿每年必须排放的矿井水数量巨大，矿井水利用地区分布不均衡。因此，开发中国中西部资源富集地区煤田，不仅要做好煤炭资源的准备，而且还要做好水资源的准备。从某种意义上讲，后者更具有紧迫性。

3.3 煤矿区地下水资源分布特征

作为世界第一采煤大国，我国煤炭资源十分丰富且地域分布辽阔，但煤矿床水文地质条件复杂，煤炭资源开发对地下水资源的影响普遍显著。由于煤矿床所处的地域和气象条件存在差别，地质构造差异性较大，其矿床水文地质条件也具有明显的地域性特征。煤矿区地下水资源的赋存特征对煤炭资源开发影响极大，有必要对其进行详细的分析。

3.3.1 含水层类型及分布

地下水赋存与分布，受地貌、构造、地层岩性、水文气象等多种因素的综合制约。按含水介质类型及地下水在介质中的赋存状态，我国主要煤矿区主要发育三大含水层：松散岩类孔隙含水层，碎屑岩夹碳酸岩类裂隙-岩溶含水层，碳酸盐岩裂隙岩溶含水层。

松散岩类孔隙含水层，主要由第四系及局部地区成岩作用较差的松散古近系和新近系地层组成，岩性以中细砂、砂砾石、卵砾为主，粒度、厚度变化较大，富水性不均一。各煤炭基地规划矿区均有分布，主要与古近系和新近系煤层及侏罗系煤层的开采关系较为密切。在鄂尔多斯盆地东部、内蒙古东部、东北及新疆、青海等地的煤炭基地松散岩类孔隙含水层富水性较强，而在华北地区及云、贵、川等地的煤炭基地松散岩类孔隙含水层则富水性较弱。

碎屑岩夹碳酸岩类裂隙-岩溶含水层，包括白垩系、侏罗系、二叠系、石炭系含水层，岩性主要为上述各时代地层中的砂岩、砾岩、砂砾岩及其间的灰岩夹层。白垩系裂隙含水层主要分布在鄂尔多斯盆地中部，富水性较强。侏罗系裂隙含水层主要分布在东北、新疆及青海等地；蒙东煤炭基地侏罗系裂隙含水层富水性较强，新疆及青海的煤田侏罗系裂隙含水层富水性弱-中等。石炭-二叠系裂隙-岩溶含水层主要分布在华北地区，其砂岩裂隙含水层的富水性相对较弱；太原组裂隙-岩溶含水层在山西省煤炭基地富水性较弱，在冀中、鲁西、河南、两淮煤炭基地富水性相对较强。

碳酸盐岩裂隙岩溶含水层由于各时代碳酸盐岩岩性特征，组合关系和构造部位不同，岩溶裂隙发育程度差异较大，岩性以灰岩、白云质灰岩、白云岩为主。在华北地区为石炭-二叠系煤层的基底，富水性较强；在云贵川基地其上、下均发育裂隙岩溶含水层，富水性中等。

由于成煤时代的不同，与煤层相伴生的含水层的类型有显著的差别。新生代古近系和新近系煤层以孔隙水为主，裂隙水、岩溶水次之；中生代侏罗系煤层以裂隙水为主，岩溶水、孔隙水次之；古生代石炭-二叠系煤层以岩溶水为主，裂隙水、孔隙水次之。这一随着成煤时代的不同而不同的水文地质特征，是由我国特定的地质历史条件所决定的。

新生代含煤地层系沉积于燕山末期及喜马拉雅运动所产生的断陷盆地之中，多为陆相沉积。含煤地层的成岩程度很差，砂质岩层呈松散或半胶结状态，黏土质岩层易塑性变形，以含孔隙水为主，裂隙水次之。少数煤田的沉积基底为古生代石灰岩（如云南的小龙潭、昭通等煤田），局部受到岩溶水的威胁。

印支运动使我国除西藏以外的绝大部分地区均上升为陆地，然后产生了一系列的拗陷及断陷盆地，沉积了以陆相为主或纯陆相的早、中侏罗世含煤地层。除了蔚县矿区、宣化下花园矿区及张家口北部矿区受到古生代岩溶水威胁外，其他绝大部分煤田都不含岩溶水，而是以含裂隙水为主。

中、晚侏罗世之间的燕山运动，使我国东部产生了一系列的北东向断陷盆地群，在其中沉积了晚侏罗-早白垩世地层。但当时40°N以南气候干燥，不适于成煤；40°N以北则气候湿润，植物茂盛，故在我国的东北及内蒙古东部地区形成了重要的晚侏罗-早白垩世含煤盆地群。这些盆地中的含煤地层均为陆相沉积，其下伏及上覆地层中也不含石灰岩，以含裂隙水为主。但大兴安岭以西的内蒙古东部地区燕山晚期运动较弱，盆地下陷较浅，盖层较薄，含煤地层所受的温度和压力均较低，故其石化程度较差，岩性比较松软，孔隙水仍占有一定的地位（煤层本身也是含水层）。此外，位于松辽平原、三江平原以及一些山间河谷地段的煤层，也存在上覆新生界松散砂层中的孔隙水向煤矿充水的情况。

早古生代时，我国绝大部分地区均长期沉没于海水之中，广泛沉积了寒武-奥陶系碳酸盐岩。加里东运动使我国大部分地区先后上升为陆地。华北地区经过了从晚奥陶世至早石炭世的长期剥蚀和夷平之后，广泛沉积了海陆交替相的石炭-二叠系含煤地层，使高度岩溶化的寒武-奥陶系石灰岩尤其是中奥陶统石灰岩普遍成为煤系的直接基底。其中的高压岩溶水严重地威胁着其上覆煤层的开采。而且太原组中还含有多层石灰岩，均含有岩溶裂隙水，并通过断层及岩溶陷落柱与中奥陶统石灰岩发生水力联系，因而使华北区的晚古生代煤田尤其是太原组煤层普遍受到岩溶水的威胁。云贵川基地则从泥盆纪至早、中三叠世几经海侵与海退，使晚古生代各纪含煤地层（龙潭组）与碳酸岩系交替沉积，使这些含煤地层被夹在下伏及上覆碳酸岩系之间。浅海相的含煤地层还含有多层石灰岩。这些碳酸岩系及含煤地层中的石灰岩都含有较丰富的岩溶水，对煤层开采有较大的威胁，尤以下二叠统茅口灰岩对上二叠统龙潭组煤层开采的威胁最为严重而普遍。古生代煤田除了以岩溶水为主外，含煤地层以后的地质历史中还普遍发育有各种裂隙（成岩裂隙、构造裂隙及风化裂隙等），含有裂隙水。喜马拉雅运动使黄淮平原下降并沉积了巨厚的新生界松散地层，沉积了厚薄不等的砂砾层，使这些地区的下伏古生代煤层的浅部受到一定程度的孔隙水威胁，如淮南、淮北矿区。

3.3.2 地域分布特征

3.3.2.1 东北区

(1) 辽宁矿区

辽宁矿区按含水介质类型及地下水在介质中的赋存状态分，规划矿区含水层为第四系松散层孔隙含水层、煤系地层基岩含水层组（石炭-二叠系砂岩裂隙含水层、白垩系和侏罗系砂岩裂隙含水层、古近系和新近系孔隙裂隙含水层)、奥陶系裂隙岩溶含水层。第四系松散层孔隙含水层和奥陶系裂隙岩溶含水层为主要供水目的层。

全区第四系松散层孔隙含水层较发育，厚度不均，含水层富水性不均。含水层岩性以洪积砾石、粗砂、中-细砂为主，底部为黏土(起隔水作用)，含水层富水性强。例如，铁法矿区铁法区，钻孔单位涌水量为 4.38~8.00L/(s·m)，渗透系数 29~96 m/d；沈南矿区，钻孔单位涌水量为 3.232 L/(s·m)，渗透系数 6.592 m/d；抚顺矿区，钻孔单位涌水量为 0.841~4.110 L/(s·m)；阜新矿区(阜新区和彰武区)与南票区，钻孔单位涌水量分别为 15~20 L/(s·m)与 3.07 L/(s·m)。含水层顶部粉质黏土沉积较薄，至下由粉砂、细砂、粗砂组成，砂成分以石英、长石为主，分选均匀，质纯，含水层富水性中等。例如，铁法矿区康北和康平区，钻孔单位涌水量为 0.0032~0.2180 L/(s·m)，局部地段钻孔单位涌水量大于 1 L/(s·m)。上部一般被 30 m 左右厚的黏土、亚黏土所覆盖，下部是由中砂及砂砾所组成的含水层，成分主要以石英粒为主，中夹黏土，底部含砾，含水层富水性较弱。例如，沈北矿区，钻孔单位涌水量为 0.007~0.0577 L/(s·m)，渗透系数 0.04~0.62 m/d。

古近系和新近系孔隙裂隙含水层，主要分布在沈阳矿区沈北区和抚顺矿区。煤层上部孔隙裂隙含水层：①沈北区，含水层岩性以砂砾岩为主，砂岩次之，遍布沈北煤田，直接与第四系底板接触，风化裂隙为主；厚度变化极大，且时有间断，或呈透镜体；砂砾岩的砾石成分主要为花岗岩、玄武岩、石英岩，泥砂质胶结，极易破碎；裂隙发育随深度增加而减弱，富水性至深部逐渐减弱；据钻孔抽水资料，单位涌水量 0.0014~0.74 L/(s·m)，属弱-中等含水层；②抚顺矿区，含水层岩性为泥岩与页岩互层，夹薄层细砂岩和泥灰岩，富水性弱。煤层底部裂隙含水层：含水层岩性以玄武或凝灰岩为主，局部为石英岩；裂隙多被方解石脉充填，易风化，呈碎块状；含水性弱，单位涌水量多小于 0.0001 L/(s·m)，渗透系数 0.001 m/d。

白垩系和侏罗系砂岩裂隙含水层。底部义县组(建昌组)：含水层岩性由火成岩、砂砾岩组成，埋藏深、结构致密、坚硬、渗透性很弱；径流条件极其微弱，排泄条件极差，富水性弱。中、上部含水层段：含水层岩性主要由粗砂岩、砂砾岩复合岩层所组成，夹有粉砂岩、页岩，由浅部向深部变粗加厚，深部岩石坚硬；泥质胶结，构造裂隙均不发育；风化带砂岩结构松散破碎；富水性不均，风化带内和断层带富水性较好，随着深度的增加，富水性逐渐减弱。铁法矿区，一般钻孔单位涌水量为 0.002~0.37 L/(s·m)，渗透系数 0.1611~1.37m/d，矿井涌水量为 4.93 m³/h，属弱-中等含水层。阜新矿区，阜新区大部分钻孔在该层段漏水，钻孔单位涌水量为 0.02~0.6 L/(s·m)，渗透系数 0.087~3.153 m/d，属弱-中等含水层；彰武区，钻孔单位涌水量为 0.0024~0.0054 L/(s·m)，渗透系数 0.0015~0.0033m/d，属弱含水层；八道壕区，水位埋深 48.88 m，标高 94.297 m，水量极小，矿井涌水量 6~18 m³/h，属弱含水层。

石炭-二叠系砂岩裂隙含水层，主要分布在阜新矿区的南票区、蛤蟆山区和沈阳矿区沈南区。砂岩裂隙含水层主要为各组底部砂岩，岩性为中、粗砂岩(含粗砾砂岩)。石盒子组砂岩胶结疏松，节理裂隙发育(在构造或地形条件有利地段)。山西组和太原组底砂岩，裂隙不发育。该含水层为煤层顶板直接充水含水层，南票区小凌河矿矿井涌水量为 60 m³/h，属弱含水层组。

奥陶系裂隙岩溶含水层,主要分布在阜新矿区的南票区、蛤蟆山区和沈阳矿区沈南区。含水层岩性由白云质灰岩、竹叶状灰岩、灰岩、花纹状灰岩组成。层内裂隙发育,其裂隙含水情况与第四系含水和大气降雨有关。在没有地表水补给情况下,灰岩裂隙不含水。奥陶系裂隙岩溶含水层单位涌水量为 0.000 23~6.667 L/(s·m),富水性很不均一。

(2) 黑龙江矿区

黑龙江矿区按含水介质类型及地下水在介质中的赋存状态分,规划矿区含水层为第四系松散层孔隙含水层、裂隙含水层组(古近系和新近系孔隙裂隙含水层、白垩系和侏罗系砂岩裂隙含水层)、煤系基底裂隙含水层(元古宇)。第四系松散层孔隙含水层为主要供水目的层。

第四系松散层孔隙水的形成条件受自然地理条件所控制。上有 0~2 m 的腐殖土,其下为粗砂、砾石和卵石层,卵石和砾石约占30%,砂岩占70%;地形又较平坦,径流条件较差,大气降水通过饱气带直接渗入含水层中,为强富水含水层。例如,鹤岗矿区,钻孔单位涌水量为 0.68~3.94 L/(s·m),渗透系数 8.2~36.23 m/d;鸡西矿区,钻孔单位涌水量为 5.933 L/(s·m),渗透系数 73.1 m/d;七台河矿区,钻孔单位涌水量为 1.45~1.98 L/(s·m),渗透系数 14.3~38.6 m/d。含水层主要分布在山间河流两侧的河漫滩上,岩性由黏土、亚黏土、砾砂层、角砾层、粗砂层、中砂层、细砂层组成,含水层富水性中等。例如,双鸭山矿区,钻孔单位涌水量为 0.0083~7.00 L/(s·m),渗透系数 0.552~27.432 m/d。

裂隙含水层组含水带主要由粗、中、细、粉各类砂岩组成。该含水层有明显的垂直分带和水平分带规律。垂直分带是指岩层的富水性随岩层埋藏深度增加而逐渐减弱,一般分风化裂隙带和煤层层间含水层。风化裂隙带含水层由各种粒度砂组成,深度和含水性及透水性因地而异,绝大部分在第四系冲积层覆盖之下,而二者之间没有隔水层,水力联系密切。鸡西矿区,风化裂隙带垂深 70 m,钻孔单位涌水量为 0.24~0.520 L/(s·m),局部地段为 2.73 L/(s·m),渗透系数 0.078~0.798 m/d;煤层层间含水层,钻孔单位涌水量为 0.05~0.10 L/(s·m)。七台河矿区,风化裂隙带垂深 80m,钻孔单位涌水量为 0.2~0.5 L/(s·m),局部地段为 7 L/(s·m),渗透系数 0.2 m/d,局部地段为 16 m/d;煤层层间含水层,钻孔单位涌水量小于 0.001 L/(s·m)。鹤岗矿区,风化裂隙带垂深 60 m,钻孔单位涌水量为 0.08~0.40 L/(s·m),渗透系数 0.06~0.5 m/d;煤层层间含水层,钻孔单位涌水量为 0.02~0.55 L/(s·m),渗透系数 0.004~1.72 m/d。双鸭山矿区,风化裂隙带垂深 120 m,钻孔单位涌水量 0.278 L/(s·m);煤层层间含水层,钻孔单位涌水量为 0.05 L/(s·m)。水平分带也很明显,即裂隙水的富水性随离河谷距离的加大逐渐减弱。例如,近河谷区的新立矿,矿井平均涌水量 624.4 m³/h;而远离河谷丘陵地带的东风矿,矿井涌水量为 56.2 m³/h。

煤系基底裂隙含水层分布于煤田周围的煤系基底元古宇地层及古老花岗岩等处。岩性由玄武岩、安山岩、花岗岩组成,岩石紧密呈现块状。地下水主要富集在浅部的风化裂隙带内的构造裂隙带中,风化带以下富水性极弱。地下水以大气降水补给为主。地下水露头较少,仅雨季有季节性下降泉。例如,五台山附近安山岩中下降泉,其流量小于

$10\ m^3/d$；六部落民井为花岗岩风化裂隙水，单位涌水量为 $0.083\ L/(s\cdot m)$；另据峻德水文报告，钻孔最大涌水量小于 $0.5\ L/s$。

3.3.2.2　黄淮海区、东南区

冀中基地包括新生界松散岩类孔隙水含水层、碎屑岩类裂隙水含水层和碳酸盐岩类岩溶水含水层。新生界松散岩类孔隙水含水层由新生界的中细砂、砂砾石、卵砾组成，粒度、厚度变化较大。在太行山东南麓、燕山南麓的山前冲洪积倾斜平原、黄河冲积平原及山间盆地厚度大，富水性好；在太行山区及燕山山区含水层薄、富水性差。在宣化矿区一般为 $20\sim50\ m$，最厚 $400\ m$，水位埋藏浅，埋深 $1\sim35\ m$。最大流量 $2.534\ L/s$。含水层在山前倾斜平原埋藏较浅，一般为 $5\sim10\ m$，厚度 $30\sim50\ m$，富水性较强，单位涌水量一般为 $8.3\sim16\ L/(s\cdot m)$。碎屑岩类裂隙水含水层主要分布于燕山、太行山山区，一般为岛状零星分布，是由新元古界、下寒武统、石炭系、二叠系、三叠系、侏罗系、白垩系、古近系和新近系的砂岩、页岩组成。大多为风化裂隙含水，其量不大；在砂岩中偶有条件适宜的破碎带裂隙水，其量则相对丰富一些。例如，开滦石炭系赵各庄组、开平组发育有数层砂岩，裂隙水发育，裂隙含水层富水性中-强，单位涌水量一般为 $0.1\sim0.7\ L/(s\cdot m)$。碳酸盐岩类岩溶水含水层主要分布在燕山山区的平泉至兴隆一带，青龙以南，迁西与丰润之间；太行山山区的易县至曲阳一带，蔚县以南至涞源之间，获鹿、井陉、邢台，以及武安至涉县一带；另在桑干河盆地间亦有零星分布。各个水系均有发育，总面积超过 1.6 万 km^2。主要由中寒武统、上寒武统、下奥陶统、中奥陶统以及中元古界的灰岩、白云岩组成，岩溶裂隙发育，富水性极强，单井单位水位下降涌水量 $20\sim50\ m^3/(h\cdot m)$，但分布不均，局部可小于 $20\ m^3/(h\cdot m)$ 或大于 $50\ m^3/(h\cdot m)$。在主径流带上地下水水平径流极强。在部分地质构造和地形、地貌条件适宜的地点常能形成大泉出露，如威州泉、石鼓泉、百泉、黑龙洞泉、娘子关泉。

鲁西基地包括新生界松散含水层、碎屑岩类裂隙含水层、碳酸盐岩类岩溶含水层、石炭系和奥陶系裂隙岩溶含水层。新生界松散含水层主要为第四系及古近系底部各类砂、砾石层，属冲积，湖积，河流相沉积。含水层厚度及层数由山前向平原逐渐增多。鲁西山区含水层一般小于 $5\ m$；在鲁西平原区新生界厚度达 $200\sim700\ m$，含水层厚度一般 $5\sim20\ m$。淄河、大汶河、泗河等山前冲洪积扇及古河道富水性强，其他地区富水性弱。淄博矿区、新汶矿区、枣滕矿区北部含水层薄，厚度 $0\sim30\ m$，富水性差。肥城矿区第四系厚度 $10\sim120\ m$，含水层单位涌水量 $0.041\sim0.927\ L/(s\cdot m)$，富水性弱-中等。黄河北矿区、巨野矿区、济宁矿区、新汶矿区含水层富水性中等-强，黄河北矿区单位涌水量 $1.8\sim3.0\ L/(s\cdot m)$，巨野矿区单位涌水量 $0.64\ L/(s\cdot m)$，济宁矿区单位涌水量 $0.22\sim2.79\ L/(s\cdot m)$，新汶矿区单位涌水量 $1.2\sim30.1\ L/(s\cdot m)$。碎屑岩类裂隙含水层主要为二叠系、侏罗系砂岩、砂砾岩，在淄博、莱芜、临沂、枣滕山区与平原过渡地带出露，富水性一般较弱。矿区内碎屑岩类裂隙含水层系主要有上侏罗统砾岩、太原组三煤顶板砂岩。巨野矿区太原组三煤顶板砂岩厚 $19.28\ m$，单位涌水量 $0.0616\sim0.195\ L/(s\cdot m)$，渗透系数 $0.0993\ m/d$，矿化度 $0.5166\ g/L$；济宁矿区单位涌水量 $0.01577\sim0.6901\ L/(s\cdot m)$，渗透系数 $0.3551\sim5.1686\ m/d$，矿化度 $1.9144\sim2.3885\ g/L$，水质属 $SO_4\cdot HCO_3$-

Ca·K+Na 型。规划矿区石炭系发育 3~17 层薄层灰岩，太原组 3~11 层，总厚度超过 10 m；本溪组一般为 2~6 层。其中，太原组二灰、三灰、四灰、五灰、十灰和本溪组徐灰及草灰分布较稳定，裂隙较发育，富水性好。肥城 L5（编号）灰岩厚度 5.83~12.70 m，单位涌水量 8.7~31.25 L/（s·m），为强含水层。巨野矿区三灰厚 2.85~10 m，平均 5.87m，有溶洞，富水性弱-中等，单位涌水量 0.0008~0.1403 L/（s·m），十灰单位涌水量 0.017 96~0.6901 L/（s·m）。新汶四灰厚度 6~8 m，单位涌水量 4.78 L/（s·m）。鲁西基地鲁中南山区奥陶系含水层厚度大，一般大于 700m，岩溶发育，富水性中等-强，随着奥灰埋深增加，岩溶裂隙发育程度明显减弱，奥灰岩溶裂隙存在着水平分区、垂直分带现象。在济宁矿区，该含水层平均厚度 713.20 m，发育有小溶洞，单位涌水量 3.502~4.144 L/（s·m），属强富水。兖州矿区单位涌水量 5.823 L/（s·m），最高达到 10 L/（s·m）。滕县矿区该含水层单位涌水量 0.001 25~1.612 L/（s·m），富水性中等。

河南基地包括松散层孔隙含水层、山西组大占砂岩含水层、太原组夹层灰岩含水层和中奥陶统灰岩含水层。松散层孔隙含水层分布于河谷地和山前低洼地带，由亚黏土、砂砾石层组成。其中，砂砾石层厚 11~88 m，水位标高为 199~193.15 m，单位涌水量一般为 0.25~1 L/（s·m），渗透系数为 1.0~19 m/d，富水性较好。本区古近系和新近系泥灰岩溶隙裂隙发育，上部形成强风化裂隙含水层，并与二煤层顶板砂岩含水层发生密切水力联系，涌入矿坑水量约为 0.7 m³/min。山西组大占砂岩含水层分布于山间谷地，二煤间接顶板由 2~3 层灰色细-中粒砂岩组成，厚度 15~25 m，水位标高为 184~200 m，单位涌水量一般小于 0.5 L/（s·m），渗透系数为 0.13 m/d，顶板淋水进入矿坑水量为 1 m³/min。太原组夹层灰岩含水层出露矿井边缘，本组夹层灰岩共有 9 层，其中 C_3L_1 灰岩是一煤直接顶板，厚约 5 m，C_3L_2 灰岩厚约 13 m，C_3L_3 和 C_3L_4 灰岩厚度为 23 m；C_3L_2~C_3L_4 为强充水含水层，水位标高为 125.4~133.5 m，单位涌水量一般为 1.0~2.2 L/（s·m），渗透系数为 10.5~15.1 m/d，该层是一煤开采时的水患含水层。太原组中部 C_3L_3 灰岩厚度为 5 m，岩溶裂隙发育，富水性极强，其突水量达到 4~8.5 m³/min。C_3L_6 灰岩裂隙不十分发育，富水性较强。C_3L_{7-8} 灰岩是二1煤的底板含水层，厚度为 1.6~15.7 m，其间隔水层厚为 10~20 m，该层水位标高为 176~181 m，单位涌水量为 1.5~4.6 L/（s·m），渗透系数为 1.4~2.4 m/d，涌入矿坑水量可达 2~16 m³/min，发生过矿井突水量最大达到 10.5 m³/min。中奥陶统灰岩含水层为煤系地层基底。岩性以灰白色白云岩为主，厚度 80~300 m，含水层水位标高为 176~187 m，单位涌水量为 1.5~24 L/（s·m），渗透系数为 3.6~38 m³/d，岩溶裂隙发育，富水性很强。一1煤下距中奥陶统灰岩厚 4~10m，因此一1煤的开采将受中奥陶统水患的严重威胁。

两淮基地含第四系孔隙含水层、二叠系砂岩裂隙含水层（组）、石炭系太原群岩溶裂隙含水层（组）和奥陶系岩溶含水层。第四系孔隙含水层岩性为中细砂、粉砂及黏土，富水性强。在淮北分为 3 个含水层，其中第一、第二含水层（组）含水丰富，水质良好，适作饮用。据宿西区某井田第一含水层（组）抽水试验，水位降深 7.75m，涌水量 8.34L/s；宿南区某井田第一、第二含水层混合抽水试验，水位降深 2.91m 及 2.02m，单位涌水量分别为 1.382L/（s·m）及 0.943 L/（s·m），水质类型为重碳酸盐氯化物钙镁水。第四系孔隙含水层是淮南矿区的主要含水层，特别是在潘谢区，厚度在 300 m 以上，钻孔单位涌水量为 0.97~6.18 L/（s·m）。一般情况下，二叠系砂岩裂隙含水层富水性中等，谢桥至丁集井田区，富水性相对较强，采掘面单次最大出水量大于等于 200 m³/h，一次出水累计水量超过 10 000m³，因煤系砂岩裂隙出水对矿井生产安全时常造成影响。其他地区较弱，为静储量十分有限的封存水，单位涌水量一般小于 0.01 L/（s·m）。石炭系太原群岩溶裂隙含水层（组）隐伏于新生界松散层下，与煤系地层二叠系山西组呈假整合接触，石炭系太原群地层总厚 110~120 m，含薄层灰岩 10~14 层，灰岩厚 55~60 m，占地层总厚约 50%。自上而下划分为 3 层，上、下灰岩部富水性为中等-强，中部为相对隔水层。奥陶系岩溶含水层奥陶系灰岩富水性强，地面钻孔涌水量一般有 1000~3000 m³/d；井下钻孔单位涌水量可达 1.29~3.22 L/（s·m）。奥陶系灰岩与太原组灰岩之间，存在着一定的水力联系，是矿井充水的间接来源，在条件适合时，亦可能直接进入矿井。

3.3.2.3 蒙东区

按含水介质类型及地下水在介质中的赋存状态，可将全区划分为 3 个含水层：第四系松散层孔隙含水层、煤系含水层组、火山岩风化裂隙带含水层。地下水赋存与分布，受地貌、构造、地层岩性、水文气象等多种因素的综合制约。第四系松散层孔隙含水层为主要供水目的层。

第四系松散层孔隙含水层覆盖于煤系地层之上。扎赉诺尔矿区和伊敏矿区全区普遍发育，其他矿区该含水层分布于海拉尔河、莫勒格尔河、锡林河、高力罕河、彦吉嘎河两岸。含水层岩性以粉细砂、黏土或亚黏土、砂砾石、砂砾、卵砾、粗砂、中砂为主，河谷地带含水层岩性以砂砾石夹砂层为主。粉细砂饱和时呈流动状态，其渗透系数 3~8 m/d。含水层厚度不均，胜利矿区最大厚度达 88 m，白音华矿区最大厚度 39.80 m，霍林河矿区和平庄矿区厚度一般为 3~30 m，宝日希勒矿区厚度一般 10~20 m。含水层中上部为潜水，下部为承压水，和煤系地层有水力联系。富水性不均，北部扎赉诺尔矿区、伊敏矿区、大雁矿区、宝日希勒矿区以及霍林河矿区含水丰富，钻孔单位涌水量为 0.143~5.63 L/（s·m），渗透系数 0.56~260 m/d；胜利矿区、白音华矿区，钻孔单位涌水量为 0.0279~0.187 L/（s·m），渗透系数 0.564~9.96 m/d，属弱-中等富水性含水层；平庄矿区黄土孔隙含水层富水性弱，钻孔单位涌水量为 0.05 L/（s·m），河床中洪积孔隙潜水层富水性强，为煤田主要含水层。

煤系含水层组主要指煤层及其顶、底板含水层，岩性以煤层、砂砾岩为主，夹有薄层泥岩、炭质泥岩、粉砂质泥岩及粉砂岩。其中砂砾岩、砾岩结构松散，孔隙发育，而煤层由于构造及风化作用影响，裂隙发育。煤层及其顶、底板砂砾岩、砂岩构成复杂的裂隙-孔隙含水层组，一般可细分为 3~5 个较稳定的含水层。水力性质均为裂隙、孔隙水。上部风化带煤和砂岩，裂隙发育，与上覆第四系含水层水力联系密切，富水性强，风化带以下，各砂岩层裂隙不甚发育，故含水性和透水性从上至下逐渐减弱。扎赉诺尔矿区、伊敏矿区、大雁矿区含水丰富，钻孔单位涌水量为 0.53~4.05 L/（s·m），局部地段达 19.245 L/（s·m）；宝日希勒矿区、霍林河矿区、白音华矿区、胜利矿区，钻孔单位涌水量为 0.001~0.607 L/（s·m），含水层富水性为弱-中等；平庄矿区富水性弱，钻孔单位涌水量 0.03 L/（s·m）。

火山岩风化裂隙带含水层岩性为上侏罗统兴安岭群（兴仁组、义县组）中酸性熔岩和火山碎屑岩。在矿区外围处大面积裸露，构造裂隙及风化裂隙发育。构造裂隙发育于断层和褶皱带附近。其发育深度受断层和褶皱的规模控制，一般为 10~30 m。在矿区内埋藏较深，富水性弱，单井涌水量小于 5 m^3/h。

3.3.2.4　晋陕蒙（西）宁区

按含水介质类型及地下水在介质中的赋存状态，划分为四大含水岩类：松散覆盖层孔隙含水岩类，碎屑岩（层状基岩）裂隙含水岩类，碳酸盐岩裂隙岩溶含水岩类，火成岩、变质岩（块状岩类）含水岩类。

（1）鄂尔多斯矿区

鄂尔多斯矿区内地下水赋存与分布，受地貌、构造、地层岩性、水文气象等多种因素的综合制约。松散层萨拉乌苏组孔隙含水岩组、白垩系砂岩含水岩组和碳酸盐岩裂隙岩溶含水岩是主要供水目的层。

a. 松散覆盖层孔隙含水岩类

全区均有分布，主要由第四系松散堆积层及局部地区成岩作用差的松散的古近系和新近系地层所组成，地下水主要在砂、砂砾石层孔隙及黄土的裂隙、孔隙及孔洞间运动。

1）河套平原。分布在黄河河岸，黄河古道以中砂和中粗砂为主，厚度由东向西增大，由 10 m 增至 40 m。水位埋深一般为 2~3 m。局部地段单井最大出水量大于 1000 m^3/d。其余地段单井最大出水量大于 100 m^3/d，矿化度大于 2 g/L。

2）银川平原。含水层岩性主要为细砂、洪积与冲积砂卵砾石，含水层厚度 1~60 m，水量较丰富，水质良好。单井出水量局部大于 1000 m^3/d，大部分地段小于 100 m^3/d。水质变化较大，矿化度由小于 1 g/L 至大于 10 g/L 不等。

3）鄂尔多斯高原。松散层孔隙含水岩组由第四系风积-冲湖积砂岩（萨拉乌苏组）含水层组成。第四系萨拉乌苏组冲湖积砂岩含水层具有供水意义，该含水层主要分布在定边至靖边一线以北、鄂托克旗—鄂托克前旗一线以东、伊金霍洛旗以南地区。岩性为细砂、粉砂、亚黏土、亚砂土。由于沉积时受古地形制约，各地厚度差异较大，一般在古沟槽及低洼中心沉积最厚，向两侧逐渐变薄，至分水岭处尖灭。榆神矿区西部一般在 60 m 以上，陕西、内蒙古交界处最厚达 144.75 m；大保当一带最厚达 67.30 m，一般为 20 m；矿区北及西北较厚，东及南部较薄，其厚度虽各地不一，但总体还是连续分布。含水层粒度在南北方向上变化不明显，东西方向上是东细西粗。含水层水位埋藏较浅，一般为 2~27 m。由于受地形地貌及岩性、厚度及补给范围的制约，含水层渗透性与富水性各地亦差异很大。含水层渗透系数多为 1~6 m/d，平均 4.53 m/d。在相同条件下，含水层厚度大的地方富水性较好，单井涌水量多在 1000 m^3/d 以上，最大可达 3000 m^3/d，含水层薄的地方仅 200~300 m^3/d。地下水矿化度为 0.2~1.0 g/L，多为 HCO_3-Ca 或 HCO_3-Ca·Mg 型水。含水层地下水主要接受大气降水入渗补给，大气降水入渗补给占总补给量的 95%。地下水流动方向受地形控制，从西北向东南流动，以泉和渗流的方式排泄。

4）陇东、陕北黄土高原。含水层主要分布在河谷、黄土塬区、台塬区、黄土梁峁区。河谷地带含水层岩性以砂卵石为主，厚度一般为 1~15 m。含水层厚度小于 1 m，单井出水量小于 100 m³/d；含水层厚度大于 3 m，单井出水量可达 200~500 m³/d。黄土塬区、台塬区、梁峁区，含水层岩性主要为中更新统离石黄土，其间夹有多层砂质含量较大的黄土及十几层古土壤与钙质结核层。在黄土塬区、台塬区，含水层厚度在中心部位为 20~80 m，至塬边尖灭。含水层一般埋深 30~100 m，单井出水量一般为 100~500 m³/d，局部地段单井出水量大于 1000 m³/d，塬区潜水水质为淡水。黄土梁峁区地形破碎，含水层厚度各地差异很大，由 2 m 至 75 m 不等。水位埋深在斜坡处较小，一般为 30~94 m，梁峁顶部多大于 100 m。水量贫乏，梁峁边坡处出水量一般小于 20 m³/d，水质一般较好。

5）渭北低山丘陵区（乾县-淳化、耀县-韩城）。含水层岩性以砂砾石、砂层及亚黏土为主，主要分布于河谷及较大支流的局部地段。含水层厚 3~35 m，透水性强，水位埋深变化较大，河漫滩、一级阶地地下水位埋深 3~10 m。富水性主要受补给强度、含水层分布的连续性及厚度控制，不同河谷、不同地貌部位富水性变化较大，大者可达 1000 m³/d，小者不足 100 m³/d。矿化度 0.26~0.62 g/L，为 HCO_3-Ca 或 HCO_3-Ca·Mg 型水。

6）关中盆地。主要分布于渭河及其较大支流的河谷阶地地带。含水层厚度、岩性、富水性在不同地段有较大差别。渭河高河漫滩及一级阶地含水层主要为砾石、砂卵石，一般厚 30~80 m，水位埋深一般为 2~8 m，单井出水量为 1000~3000 m³/d；渭河北岸二、三级阶地及支流河谷阶地含水层主要为亚砂土、亚黏土及粉细砂，一般厚 10~40 m，水位埋深一般为 3~30 m，单井出水量一般为 60~250 m³/d。

通过以上分析可知，位于鄂尔多斯高原的榆神矿区、榆横矿区、万利矿区和神东矿区西南部松散层孔隙含水层富水性较好，含水层段为萨拉乌苏组冲湖积砂岩。榆神矿区、榆横矿区东部与松散层孔隙含水层地下水供水目标区重叠；其他规划矿区松散层孔隙含水层富水性弱。

b. 碎屑岩（层状基岩）裂隙含水岩类

包括白垩系、侏罗系、二叠系、石炭系地层。含水层主要为上述各时代地层中的砂岩、砾岩、砂砾岩及其间的灰岩夹层。

前白垩系孔隙裂隙水含水层主要分布在鄂尔多斯盆地东部以及耀县-韩城、桌子山一带。规划矿区内仅发育二叠系和石炭系砂岩裂隙含水层，含水层在矿区内零星出露于河流、沟谷中，各含水层之间常被分布普遍、厚度较稳定的泥岩、砂质泥岩所隔，含水层埋藏较深，补给条件较差，裂隙发育程度不均一，一般情况下，水量不大，大部分地段单井出水量小于 100 m³/d，含水层富水性较弱，但在埋藏浅或构造适宜部位富水性中等到强。准格尔矿区、府谷矿区、乌海矿区、包头矿区、韩城矿区、澄合矿区、蒲白矿区、铜川矿区南部、石嘴山矿区、石炭井矿区开采煤层之上分布该含水层。

白垩系裂隙含水层富水性较好，是煤层开采影响的主要含水层。

陇东、陕北黄土高原白垩系裂隙含水层：岩性是一套多层结构的、以泥岩为主的湖泊相及沙漠相沉积，沙漠相砂岩是地下水的主要富水层位。

1）陇东黄土高原。潜水主要分布于子午岭附近及边缘地段，呈条带状分布于各沟谷川区中。在子午岭附近深者为 129.1~155.1 m，向南变浅为 7~46 m。富水性一般较差，单井出水量以小于 100 m³/d 为主；承压水水位埋深因地形及上覆地层岩性而异。塬梁峁顶部埋深均大于 100 m。泾河、马莲河河谷的中下游地段，地势低洼，是陇东盆地的地表水与地下水径流的汇集区，属中等富水地段，单井出水量为 100~1000 m³/d；陇东盆地西南部，单井出水量多小于 100 m³/d，属弱富水区。

2）陕北黄土高原。潜水主要分布于葫芦河以北地区，含水层岩性为砂岩，含水层厚度一般为 10~70 m；水位埋深在河谷地区较浅，一般小于 35 m，最深 90 m，梁峁地区大于 100 m。其富水性差异较大，一般单井出水量小于 100m³/d，局部地段单井出水量可达 500 m³/d；承压水广布于志丹—太白—马栏一线以西地区。在白于山分水岭地区，顶板埋深 319~386.32 m，水位埋深 67~171.72 m；在子午岭地区，顶板埋深 383 m 左右，水位埋深 142.81~173.44m，向南、向东变浅，水位埋深变小，局部自流。分水岭地区富水性弱，单井出水量小于 100 m³/d；分水岭向东 5~15 km 则单井出水量增至 100~1000 m³/d，富水性中等，水质良好。

通过以上分析可知，鄂尔多斯高原白垩系裂隙含水岩以富水和中等富水为主，陇东、陕北黄土高原白垩系裂隙含水层以中等富水为主。万利矿区、榆神矿区、榆横矿区大部分地段白垩系裂隙含水层富水性中等，局部地段富水，矿区内部分地段与白垩系裂隙地下水供水目标区重叠。黄陵矿区、彬长矿区、旬耀矿区、华亭矿区白垩系裂隙含水层富水性中等，黄陵矿区和彬长矿区部分地段与白垩系裂隙地下水供水目标区重叠。灵武矿区、马家滩矿区、积家井矿区、鸳鸯湖矿区、萌城矿区、石沟驿矿区含水层富水性弱。

c. 寒武-奥陶系裂隙岩溶含水岩组

主要分布于鄂尔多斯盆地周缘之贺兰山-桌子山山地、渭北低山丘陵区、准格尔以东黄河谷地、青龙山—云雾山—平凉一带。由于各时代碳酸盐岩岩性特征、组合关系和构造部位不同，岩溶裂隙发育程度差异较大：碳酸盐岩厚度大、质纯的中奥陶统，岩溶化作用最强，富水性强；下奥陶统、中寒武统以灰岩、白云质灰岩、白云岩为主，岩溶化作用次之，富水性中等；下寒武统、上寒武统及奥陶系各组底部灰岩杂质高，单层厚度小，夹层多，除个别构造裂隙发育段外，一般岩溶化作用微弱，富水性弱或极弱（相对隔水层），但各层之间由于断裂构造的沟通，水力联系密切，组成统一的含水岩体。

1）耀县—韩城一带。该区寒武-奥陶系灰岩分布特点是西厚东薄，总厚度约 2500 m，区内上马家沟组二、三段和峰峰组二段为强裂隙岩溶含水层组，单井涌水量大于 1000 m³/d，最大可达 4800~6480 m³/d。下马家沟组二段和峰峰组三、四段为中等富水的裂隙岩溶含水层组，单井涌水量一般小于 1000 m³/d，局部（断裂构造带）大于 1000 m³/d。中寒武统张夏组至下奥陶统冶里组和亮甲山组、峰峰组一段、平凉组二段为弱裂隙岩溶含水层组，但在韩城矿区的东边界及白蒲矿区洛河袁家坡泉群排泄段，因受断裂构造的影响，该层段（张夏组）裂隙岩溶发育，单位涌水量一般为 1.065~8.097 L/（s·m）。下马家沟组一段、上马家沟组一段、平凉组一段为极弱含水层组，可视为相对隔水层。

2）乾县—淳化一带。岐山、西崛山等岛状分布的岩溶断块山地，由于山高坡陡，降水多呈地表径流散失，富水性一般较差。山地边缘断裂带有利于地下水汇集，溶蚀作用得以加强，得到地表河流补给，形成带状富水区。区内千阳县水沟泉、岐山周公庙泉、礼泉县石泉等泉均分布于山地边缘断裂带上。矿化度 0.2~4 g/L，主要为 HCO_3-Ca

和 HCO₃-Ca·Mg 型水。南部岩溶山地之间的黄土塬梁丘陵区，下伏基岩为受东西向、北东向、北西向构造控制的古岩溶洼地和凹谷。该区以乾县-永寿为典型代表，地表水文网比较发育，沿河谷呈条带状出露于地表的灰岩，在顺河断层与穿河断层分布地段，因地表河流、水库等地表水大量渗漏补给地下水，形成沿河谷分布的带状富水区和沿断层分布的脉状或羽状富水区。区内北部，灰岩埋藏于二叠、三叠系砂页岩之中，地表为碎屑岩侵蚀剥蚀丘陵地貌；构造上为向北倾斜的单斜，缺乏张性蓄水导水构造，富水性普遍较差。渭北褶皱带与断陷盆地（关中盆地）过渡区，东西向断层组使含水层呈阶梯状逐次向南陷落，导致地下水在由北向南径流过程中，因构造作用，促进岩溶水深循环至活动性深大断裂带，地下水受阻，产生垂直交替循环，并与深部热源沟通，从而形成沿深大断裂带展布的带状富水区，地表常以集中大泉露头，如烟霞泉、筛珠洞泉等。经钻探证实，大部分地段水资源十分丰富，水头高，水位埋藏浅，便于开采，如岐山 323 号钻孔，揭露寒武系，井深 103.75 m，水位高出地表 5.5 m，单井出水量 7948 m³/d，矿化度小于 1 g/L，水质类型复杂，常见有 HCO₃-Na·Mg·Ca、HCO₃-Mg·Na 型水，并且地下水中偏硅酸、锶、溴、碘等微量元素含量较高，水温多为 22~32℃。

3）准格尔—府谷一带。含水层以中、上寒武统和中、下奥陶统灰岩、白云质灰岩及白云岩为主，单井出水量 1000~5000 m³/d，地下水资源丰富。具有自陈家沟门-黑岱沟-偏关东-府谷至保德，由径流区至排泄区，富水性越来越强的特点。矿化度一般为 0.3~0.4 g/L，水质类型为 HCO₃-Ca·Mg 型，府谷一带为 HCO₃·SO₄-Ca·Mg 型。

4）大罗山—青龙山一带。分布于云雾山地表分水岭以北，青铜峡-固原断裂与青龙山-平凉断裂之间。由于寒武-奥陶系灰岩岩溶水受北部石炭-二叠煤系地层和青龙山-平凉断裂阻挡，在青龙山北端出露一上升泉，流量达 6.94 L/s，矿化度 4.03 g/L，水温 8℃。于该泉南偏西 1.3km 处一钻孔，孔深 280.9 m，0~11.69 m 为第四系细砂、石灰岩角砾覆盖层，以下均为奥陶系灰岩，岩芯有溶蚀现象，溶蚀面积最大可达 35 cm²；钻至 31.58 m 处发生严重漏水，耗水量大于 10.2 m³/h；含水层顶板埋深 30.50 m，含水层厚 119.57 m，水位埋深 21.09 m，抽水降深 0.073 m，涌水量 361.46 m³/d，矿化度 4.11 g/L。该孔抽水 1 天后，北边上升泉流量减少 2.1 L/s，从而证明该地段灰岩蕴藏有丰富的裂隙岩溶水，富水性强。据水文地质条件推断，青龙山东麓，富水性中等；双井一带为岩溶裂隙水的补给区，富水性弱。

5）桌子山一带。在桌子山背斜两翼有灰岩出露。由于区内受南北向和东西向两组构造线切割，构造、构造裂隙比较发育，为大气降水渗入补给而形成裂隙水创造了极为有利的条件，加之奥陶系灰岩岩溶较发育，为裂隙岩溶水分布富集奠定了基础。地下水水位埋深小于 70 m，泉流量小于 45.40 L/s。据卡布其一带的钻孔资料，潜水位埋深 11~12 m，含水层厚约 60 m，单井最大出水量 1000~2500 m³/d，矿化度小于 1 g/L，为 HCO₃-Mg·Ca 型水。

通过以上分析可知，准格尔矿区、府谷矿区、韩城矿区、澄合矿区、蒲白矿区、铜川矿区寒武-奥陶系裂隙岩溶含水岩以富水为主，局部地段富水性中等，乌海矿区含水层富水性中等。

d. 火成岩、变质岩（块状岩类）裂隙含水岩类

由不同时期不同性质的火成岩、块状构造的变质岩及太古宇至古生界片麻岩组成，

其特点是受构造和风化裂隙所控制,有顺断裂带、节理密集带和风化带富集的规律性。除局部地段外,富水性一般较弱,水质除北部受气候影响,局部水质较差外,一般水质较好。主要分布于贺兰山北部和桌子山。构造裂隙发育,地下水接受大气降水渗入补给,沿沟谷排泄,补给沟谷潜水,故地势较高地区富水性弱,沟谷潜水单井涌水量一般小于 50 m^3/d。矿化度多小于 0.5 g/L。该含水层在规划矿区内无分布。

(2)山西矿区

山西矿区根据煤层与含水层的组合关系和几十年来煤田勘探、生产、研究成果,将与煤田开采有关的含水层划分为孔隙含水层、裂隙含水层、岩溶含水层。供水目的层主要为奥陶系岩溶含水层。

水文地质条件的复杂程度、矿井涌水量大小,主要由含水层的岩性结构、含水层层数、稳定性、厚度、补给来源、降水量大小、地质构造与区域主要含水层水位的关系及其与地表水的联系等综合因素来决定。

纵观全省,自北而南,水文地质条件具由简单向中等的变化规律。大同、宁武煤田、河东煤田北部,水文地质条件简单,局部较复杂。沁水、霍西、西山煤田含水层多,含水性较强,降水量较大,所以水文地质条件中等,局部复杂,如霍州、东山矿区等比较复杂。从垂直剖面分析,自上而下即由浅到深,含水层含水具有由弱到强的变化趋势,即煤系顶板砂岩和煤系砂岩、石灰岩含水性弱,局部中等,煤层底部下奥陶系石灰岩岩溶含水性强。此外水文地质条件还与区域地下水位和河床侵蚀基准面密切有关。例如,位于侵蚀面以上,煤系顶部有些含水层成为透水层,含水性极弱,所以很多煤矿开采时没有水。这为山西煤矿的开采创造了十分有利的条件,大同煤田、宁武、河东煤田北部地段不少煤矿既属于此类型。

根据水文地质条件,各含水岩组特征松散层可以划分为南、北两部分。

a. 北部含水层

北部含水层特征主要为大同、宁武煤田,河东煤田北部,即阳曲、盂县、东西构造带以北,按行政区分为雁北、朔州、大同和忻州广大地区,煤系含水层有大同组、山西组和太原组砂岩裂隙含水层,其上覆为云冈组、石盒子组砂岩裂隙含水层,下伏为奥陶系岩溶裂隙含水层。

云冈组裂隙含水层位于大同组煤系顶部,为灰白、黄色厚层状中粗粒砂岩组成,局部含砾石,泥质胶结,易风化,表面常见风蚀溶洞,节理裂隙较发育,交错层理明显。底部为含石英鹅卵石砂岩,厚度一般为 15~20 m,为大同组三号煤直接顶板,由于位于侵蚀面以上,含水性极弱。

大同组裂隙含水层全厚 80~250 m,以砂质泥岩、细砂岩、粉砂岩互层为其特征,交错层理,裂隙发育。根据煤系岩性特征和煤层关系,含水层可分为上、下两段。上段岩性以粉砂岩为主,其次为中细砂岩,含水层有 2 层,上层厚度 8~25 m,位于二号煤以上;下层位于二号至八号煤之间,厚 8~35 m,钻孔涌水量为 0.01~0.5 m^3/h。下段岩性以粉砂岩为主,局部为中细砂岩,含水层有 2 层,上层厚度 7~25 m,涌水量为 0.005~0.62 m^3/h;下层厚度为 5~49m,涌水量为 0.005~0.02 m^3/h。

永定庄组砂岩裂隙含水层,位于大同组煤系底部,岩性为中粗砂岩、含砾粗砂岩为主夹细砂岩、粉砂岩、砂质泥岩，全厚 140~211 m，胶结疏松，节理裂隙发育。含水层可分为上、下两层，上层厚度为 16 m 左右，单位涌水量为 0.000 76 L/（s·m），含水极弱；下层厚度为 5~73 m，岩性以厚层含砾粗砂岩为主，中砂岩为次，据大同矿区 J_{34} 孔抽水资料，含水层厚度为 45.5 m，涌水量为 8.3~10 L/s。

石盒子组砂岩裂隙含水层位于山西组煤层顶部，为煤系上覆主要含水层，含水层厚度为 28~69 m，主要为中-粗砂岩、含粗砾砂岩，胶结疏松，节理裂隙较发育，在构造或地形条件有利地段有小泉出露。据钻孔抽水试验，单位涌水量为 0.0014~0.009 L/（s·m）。在平朔平凡城一带，钻孔曾有自流现象，但涌水量小；其他地区，大部位于侵蚀面以上，基本不含水。

山西组砂岩裂隙含水层主要为底部砂岩，岩性为砂质泥岩、砂岩和含砾砂岩，为四号煤顶板，其间有 3~18 m 砂岩。据大同矿区钻孔抽水，含水层厚 5~14 m，单位涌水量为 0.000 87 L/（s·m），含水性弱；平朔矿区钻孔单位涌水量 0.005~0.1041 L/（s·m），局部水位高出地面，单位涌水量为 0.84 L/（s·m）。

太原组砂岩裂隙含水层岩性以中砂岩、粗砂岩和砂砾岩为主，厚度为 13~43m。据大同矿区钻孔抽水，单位涌水量为 0.000 19 L/（s·m），平朔矿区钻孔单位涌水量为 0.0034~0.0053 L/（s·m）。

岩溶裂隙含水层主要为煤系基底奥陶系灰岩。大同煤田北部位于沉积边缘，缺失峰峰组，上、下马家沟组也不全，南部沉积较全。由于位于煤系底部，埋藏深，出露少，水位深，补给条件差，含水性弱，中间又有本溪组隔水层，除边山构造断裂带外，与煤层开采没有水力联系。北部含水性极弱，钻孔及泉水流量仅 0.29~2.55m³/h。

b. 南部含水层

南部含水层特征以 38°N 断裂带为界，即盂县—娄烦—临县一线以南，主要为西山、霍西、沁水煤田、河东煤田南部等，含煤地层主要为山西组、太原组，上覆含水层为石盒子组砂岩裂隙含水层，下伏为奥陶系岩溶裂隙含水层。

石盒子组砂岩裂隙含水层为山西组煤层上覆含水层，主要为底部中粗粒砂岩，层位稳定，厚度为 4~14 m，节理裂隙发育，含水性较弱，在沟谷和构造有利地段有小泉出露，流量小于 0.5 L/s，局部可达 1~4L/s，但季节性变化大。据西山煤田钻孔抽水实验，单位涌水量为 0.0019~0.087 L/（s·m），潞安、晋城矿区单位涌水量达 0.0005~0.002 L/（s·m），武乡矿区单位涌水量为 0.009~0.5 L/（s·m），霍县矿区单位涌水量达 1~6.96 L/（s·m）。在构造有利地段，钻孔有自流现象，如太原东山一带，但水量小，属弱含水层。

山西组砂岩裂隙含水层主要为三号煤顶板砂岩，含水层厚 10~20 m，顶板砂岩层位稳定，厚度 1.2~13 m，一般 6 m 左右，为上组煤开采主要充水水源之一。在基岩裸露区有泉出露，流量为 0.1~1 L/s。潞安矿区单位涌水量为 0.0022~0.017 L/（s·m）；西山矿区单位涌水量为 0.0013 L/（s·m）；晋城矿区单位涌水量为 0.0004 L/（s·m），矿井排水量为 83 万~117 万 m³/a；霍州矿区单位涌水量为 0.02~0.631 L/（s·m），矿井排水量为 51 万~250 万 m³/a。

太原组灰岩裂隙岩溶含水层主要为 K_2、K_3、K_4、K_5 等 4 层石灰岩，层位稳定，分布广泛；由于埋深和所处构造位置不同，含水性差别大，一般是埋深浅，含水性强，愈深愈差。K_2 灰岩为十五号煤直接顶板，厚度一般为 4~9 m，K_4 灰岩厚 1~5.5 m，K_5 灰岩一般厚 1~3.5 m，K_2 灰岩为下组煤主要充水来源。此外砂岩也含水，有泉水出露，流量小于 1 L／（s·m）。武夏矿区单位涌水量为 0.02 L／（s·m），潞安矿区单位涌水量为 0.0026~0.35 L／（s·m），阳泉矿区单位涌水量为 0.006~0.41 L／（s·m），西山矿区单位涌水量为 0.043~0.0216 L／（s·m），东山矿区单位涌水量为 0.003~0.044 L／（s·m），晋城矿区单位涌水量为 0.056~3.73 L／（s·m），霍州矿区钻孔单位涌水量为 0.079~3.16 L／（s·m）。

中奥陶统岩溶裂隙含水组为煤系基底，含水层主要为奥陶系灰岩。与煤层可能发生水力联系者，主要为中奥陶统峰峰组灰岩，其次为上马家沟组灰岩，下马家沟组在大断裂带也可能局部有水力联系。峰峰组岩溶裂隙含水组岩性为灰黑色中厚层状灰岩，全厚 90~170 m，一般 120 m 左右。含水层为第二段灰岩，厚为 30~50 m，岩溶裂隙比较发育，主要为溶孔、溶隙和蜂窝状溶洞；在河谷及裸露地段可见大溶洞，但顶部由于长期风化溶蚀，裂隙大部被充填，含水性差。含水层段主要位于二段中下部，特别一、二段接触带。据钻孔统计，西山矿区岩溶裂隙率可达 2.1%~18.54%。据抽水试验，西山矿区单位涌水量为 0.084~1.11 L／（s·m），东山矿区为 0.024~46 L／（s·m），潞安为 0.27~37.06 L／（s·m）。阳泉矿区钻孔岩溶发育呈蜂窝状小溶洞，孔隙率达 25%~30%，溶洞率为 10%~20%。在径流区和排泄区溶孔、溶隙发育，局部地面可见溶洞，洞高为 0.5~2 m，最大达 2.7 m。在补给山区可见 2~10 m 的溶洞。钻孔单位涌水量为 1~5 L／（s·m），在构造有利地段含水性强，单位涌水量达到 22.69 L／（s·m）。霍州矿区钻孔单位涌水量为 1.69~19.24 L／（s·m）。上马家沟组岩溶裂隙含水组岩性以灰黑厚层石灰岩为主，夹有灰色条纹，故名为花斑状灰岩，夹有 5~6 层白云薄板状灰岩，层理明显，岩溶节理裂隙发育，多为溶孔、溶隙和蜂窝状溶洞，局部可见大溶洞，全层厚度 170~300 m，一般 230 m 左右，含水层为二、三段灰岩，厚度为 20~40 m。据长治地区水源井资料，单井出水量为 1000~2000 m³/d，水位埋深 250~300 m；霍州矿区钻孔抽水单位涌水量为 3.28~77.63 L／（s·m）；晋城矿区单位涌水量为 6.4 L／（s·m）；阳泉矿区单位涌水量为 1.62~21.03 L／（s·m）；西山矿区单位涌水量为 0.67~2.94 L／（s·m）；东山矿区单位涌水量为 1.29~77.23 L／（s·m），一般为 2~25 L／（s·m）。下马家沟组岩溶裂隙含水组岩性为灰黑色巨厚层状质纯石灰岩，局部夹薄层泥质灰岩，下部夹有角砾状灰岩，顶部层理明显，中下部岩溶裂隙发育，并有小溶洞，裂隙宽 2~5 mm，一般呈半充填状态，充填物为肉红色黏土和灰岩碎屑、方解石脉。经薄片鉴定为泥质结构，方解石含量 90% 以上 CaO 占 51.35%~54.13%，SiO_2 为 2.10%~4.92%，MgO 为 0.75%~1.25%，具微层理结构；微裂隙较发育，宽 0.02~0.08 mm；虫迹构造亦较发育，直径 0.3~0.5 mm。上述微裂隙、微层理和虫穴相互切穿，形成了微观的网络状通道，在地下水的循环溶蚀作用下，裂隙溶洞加宽，为地下水的储存与运动创造了有利条件，成为主要含水层之一。据潞安钻孔抽水试验，辛安泉排泄区单位涌水量为 0.46~29.5 L／（s·m）；霍县郭庄泉排泄区为 56 L／（s·m）；西山矿区兰村单位涌水量为 13.74 L／（s·m）；东山矿区枣沟区单位涌水量为 52~277 L／（s·m）；阳泉娘子关泉单位涌水量为 5.03~32.8 L／（s·m）。

煤系含水层中地下水的补给、径流、排泄关系，在煤矿开采前后各有不同，在采区范围内要发生变化。地下水补给，主要为大气降水入渗，其次在局部地段有河流渗漏补给，再次，在不同地层、不同地段局部有侧向补给。在垂直方向上一般是浅部含水层补给深部含水层。因为煤系地层为含水层与隔水层互层，在一定深度内含水层埋藏愈深，水位愈深。但在构造破坏地带，局部也有深部含水层补给浅部含水层，如向斜和单斜构造。煤系含水层有这种现象，如遇断裂构造带，则补给关系可能局部发生不同的变化。地下水的排泄有 3 种情况：一是在河流沟谷切割地段形成小泉，排向河谷；二是侧向排泄平原区，如大同、西山煤田；三是向深层排泄，通过断裂带排泄下伏岩溶含水层成为岩溶泉水的组成部分，如宁武煤田排向下马圈和神头泉，西山煤田排向汾河兰村、晋祠泉等，霍西煤田排向郭庄泉、龙子祠、广胜寺等，沁水煤田排向娘子关泉、辛安泉、三姑泉和延河泉等，河东煤田排向黄河天桥泉、柳林泉等。径流区位于补给区与排泄区之间，其径流方式为裂隙网络式，主要为层流运动，在煤田范围内为典型的层间裂隙水。但在构造带，特别是大断裂带，则可切穿各含水层，形成较强径流带，导致各含水层发生水力联系。

3.3.2.5　西南区

本区气候温暖潮湿，雨量充沛，为地下水的形成提供了丰富的补给源，地貌及地层的发育特征在一定程度上决定着本区的地下水类型及分布。第四系松散堆积物一般厚度小、分布面积小，且由于地形破碎，易透水而不易贮水，因此除小龙潭及主干河流的河漫滩、阶地外，大部分地区富水性差。上二叠统峨眉山玄武岩组、龙潭组、下三叠统飞仙关组，属非可溶性岩层，其中各类碎屑岩类受构造条件控制，含水层富水性不均，一般富水性较差。下二叠统栖霞茅口组，下三叠统永宁镇组，中三叠统关岭组中、上段为区域内可溶性岩层。可溶性岩层含裂隙溶洞水，富水性强，是重要的含水层。本区岩溶发育，岩溶水丰富。从中三叠统到中寒武统，各类可溶岩厚度达 2000m 以上，二叠系茅口组、栖霞组及三叠系关岭组、永宁镇组灰岩厚度大、质纯、分布广，岩溶表现为地下管道系统，是本区主要的岩溶水含水岩组，二叠系龙潭组、长兴组夹层灰岩厚度小，岩溶表现为溶蚀裂隙。

松散岩类孔隙水含水岩组岩性多为冲洪积、坡积的亚砂土、亚黏土、砂砾组成，分布在溪沟、河沟、河谷两岸阶地及山间盆地。由于规划矿区多处于构造剥蚀山区，第四系沉积厚度小且坡度大，沟壑纵横易于排泄，第四系含水层富水性一般较弱且随季节变化大，雨季含水量大，旱季水量微小或干枯，水文地质特征为气象型。小龙潭矿区处于山间盆地，第四系松散层厚度 0~105 m，富水性强，南盘江阶地坡洪积砂卵砾石层含水层有泉出露，流量 5~246 L/s，矿区单位涌水量 0.0229~1.611 L/（s·m）。

碎屑岩类裂隙水含水岩组分为下三叠统飞仙关组、上二叠统龙潭组和二叠系峨眉山玄武岩组。下三叠统飞仙关组矿区内发育良好，分布广泛，形成单面山剥蚀地形，岩性以泥质粉砂岩、粉砂岩及粉砂质泥岩为主，局部夹泥灰岩及灰岩，厚度 558~626 m，平均 568 m；地表泉水稀少，以裂隙渗水为主，流量为 0.013~1.68 L/s，单位涌出量一般小于 1 L/（s·m），水质类型为 HCO_3-Ca 水；属弱含水层。上二叠统龙潭组位于峨眉山玄武岩组之上，在矿区内出露于拖长江的南北槽谷及东侧斜坡地带。该组本区厚 235 m，岩性以浅灰、灰色细砂岩、粉砂岩、泥质粉砂岩、粉砂质泥岩为主，夹有泥岩、煤层、炭质泥岩、菱铁矿薄层及结核，含水层为细砂岩及粉砂岩，其余含水极弱，为相对隔水岩层。据抽水试验及水文电测资料，全煤组为极弱含水层。龙潭组是矿井直接充水的微弱裂隙含水层，其地表浅层风氧化带含孔裂隙含水，据702号钻孔抽水，单位涌水量为 $0.061 \sim 0.076$ L/（s·m），渗透系数 0.023 m/d，属弱含水层；地下水的补给以大气降水为源，季节性变化明显，并随裂隙发育程度而异，随埋深增加逐渐减弱。二叠系峨眉山玄武岩组上部以凝灰岩、火山灰角砾岩为主，下部为暗灰色、灰黑色拉斑玄武岩、伊丁玄武岩，节理和风化裂隙发育一般。峨眉山玄武岩组是裂隙型弱含水层，透水性不良，又可视为茅口组灰岩与龙潭组之间的相对隔水层。

碳酸盐岩类岩溶含水岩组含中三叠统关岭组、下三叠统永宁镇组、下二叠统茅口组和下二叠统栖霞组。中三叠统关岭组下段为薄层泥岩及粉砂质泥岩，中段为泥灰岩，上段为角砾白云岩及白云岩。中、上段含裂隙溶洞水，暗河发育，常见大泉，钻孔涌水量为 $153.8 \sim 1363.4$ m³/d，富水性强，水质为重碳酸钙型水；下段泉点稀少，含水性弱，有隔水作用。下三叠统永宁镇组以厚层状石灰岩为主，夹有少量薄泥层泥灰岩及粉质泥岩。地下水多沿层面运动，排出地表。本组赋存溶隙水，富水性强，流量较大，据统计枯季流量一般为 0.738 L/s，水质类型为 HCO_3-Ca 型。本层岩溶发育，为本区主要含水层。下二叠统茅口组以厚层块状灰岩为主，底部为燧石灰岩、白云岩、白云质灰岩组成，厚约 400 m。地表见有溶洞、漏斗及岩溶槽谷等岩溶地貌，富含岩溶水，为区内强含水层之一。地下水以管道流为主，在无隔水层的条件下，多以岩溶泉或暗河出口形式在河谷两侧排泄；在有隔水岩层时，在隔水层附近有接触式岩溶泉出露；泉流量一般为 $10 \sim 350$ L/s，为强富水。水化学类型属 HCO_3-Ca 型。下二叠统栖霞组为中厚层状含燧石团块及白云质灰岩，为区域主要岩溶含水层之一，赋存碳酸盐岩溶洞水，岩溶管道发育，含水性极不均一；大泉及暗河一般流量 $10 \sim 7670$ L/s，钻孔涌水量为 $4.15 \sim 979.80$ m³/d，富水性强；水质为 CO_3-Ca 型。

3.3.2.6　北疆区和南疆–甘青区

根据煤层与含水层的组合关系，将与煤田开采有关的含水层组划分为第四系孔隙含水层、侏罗系裂隙含水层。第四系孔隙含水层主要为洪积、冲积及风积的粗砂、中砂及砾石组成，厚度不等。单位涌水量为 $0.035 \sim 9.5$ L/（s·m），富水性弱–极强，矿化度小于 1 g/L，水质类型为 HCO_3+SO_4-Ca+Mg 型。侏罗系裂隙含水层由砖红色碎屑岩组成，其中砂岩、砂砾岩构成含水层，而其间的泥岩、泥质粉砂岩构成隔水层。上侏罗统富水性中等，单位涌水量为 $0.26 \sim 0.378$ L/（s·m），矿化度小于 1 g/L，水质类型为 SO_4+Cl-Na+Ca 型。中侏罗统富水性弱，单位涌水量为 $0.001 \sim 0.0044$ L/（s·m），矿化度小于 2 g/L，水质类型为 SO_4+Cl-Na+Ca 型。下侏罗统富水性弱，单位涌水量为 $0.06 \sim 0.08$ L/（s·m），矿化度大于 1 g/L，水质类型为 $Cl+SO_4+HCO_3$-Na+Ca+Mg 型；下部为主要的含煤岩组，单位涌水量为 0.0094 L/（s·m）。

地下水补给以大气降水及冰雪消融水为主，其次在局部地段有河流渗漏补给。在垂直方向上一般是浅部含水层补给深部含水层。

地下水的排泄有两种情况：一是在河流沟谷切割地段形成小泉，排向河谷；二是向深层排泄。

径流区位于补给区与排泄区之间，其径流方式为裂隙网络式，主要为层流运动。

第4章 | 中国煤炭资源与水资源条件对煤炭资源开发的影响

4.1 煤炭资源条件对煤炭资源开发的影响

4.1.1 煤炭资源/储量总体现状

中国煤炭资源相对丰富，地理分布广泛，煤种齐全，煤质优良，潜力巨大，为实现煤炭资源清洁高效可持续开发利用提供了有力的资源保障（中国能源中长期发展战略研究项目组，2011）。根据中国煤炭地质总局 2009 年汇总的地质评价报告（详见第 2 章），我国煤炭资源储量为 5.82 万亿 t，其中，累计探明煤炭资源量为 2.01 万亿 t，保有煤炭资源量为 1.94 万亿 t，尚有预测资源量为 3.88 万亿 t。

但是，进一步分析我国煤炭资源现状，也不容乐观：主要是资源勘探程度低，地理分布和品种数量不均，经济可采储量和人均占有量少（张玉卓等，2011）。我国煤炭资源经济可采储量与世界人均可采煤炭资源占用量相比，明显偏低。截至 2009 年年末，我国尚未利用资源量中精查储量仅为 2593.58 亿 t，占尚未利用资源总量的 16.8%。据估算，我国目前可采煤炭资源储量约为 1487.97 亿 t，人均可采储量约为 114.4t。按照 35 亿 t 的产能估算，已有储量仅供开采 40 多年。如果考虑我国回采率的实际情况，可采储量可能更少。因此，科学客观地认识我国煤炭资源优势及其现状十分必要。

据《世界能源统计 2011》（BP，2011）报道，截至 2010 年年底，全球煤炭探明的可采储量为 8609.38 亿 t，包括无烟煤、烟煤、次烟煤和褐煤，储采比为 118 年。其中 10 个储量最大的国家依次为美国、俄罗斯、中国、澳大利亚、印度、德国、乌克兰、哈萨克斯坦、南非、哥伦比亚。这 10 个国家的煤炭储量和储采比情况见表 4-1。我国煤炭储量虽然丰富，但储采比远低于世界平均水平。全球人均拥有可采煤炭资源储量约为 125 t，而俄罗斯、美国和德国等国拥有高出世界平均水平 4~6 倍的人均资源量。储量排名世界第三的中国，人均探明可采煤炭资源储量却低于世界平均水平。由此可见，我国煤炭资源储采比、人均可采资源储量既低于世界主要产煤国，也低于世界平均水平，反映出煤炭资源保障程度有待加强。

表 4-1 2010 年年底全球主要产煤国煤炭资源探明可采储量和储采比情况

国家	无烟煤和烟煤/亿 t	次烟煤和褐煤/亿 t	合计/亿 t	所占比例/%	储采比/年
美国	1085.01	1287.94	2372.95	27.6	241
俄罗斯	490.88	1079.22	1570.1	18.2	495

续表

国家	无烟煤和烟煤 /亿 t	次烟煤和褐煤 /亿 t	合计 /亿 t	所占比例 /%	储采比/年
中国 *	622	523	1145	13.3	35
澳大利亚	371	393	764	8.9	180
印度	561	45	606	7.0	106
德国	0.99	406	406.99	4.7	223
乌克兰	153.51	185.22	338.73	3.9	462
哈萨克斯坦	215	121	336	3.9	303
南非	301.56	0	301.56	3.5	119
哥伦比亚	63.66	3.8	67.46	0.8	91
全球总计	4047.62	4561.76	8609.38	100	118

* 关于中国的煤炭可采储量，本研究给出数据为 1487.97 亿 t，高于 BP 2011 年报道的 1145 亿 t。

　　我国煤炭资源分布又极不均衡。如图 4-1 所示，按照"井"字形的区划格局，我国煤炭资源保有量的 76.5% 分布在中部地区，主要的煤炭资源富集区域为晋陕蒙（西）宁区、蒙东区和北疆区。晋陕蒙（西）宁区占全国煤炭资源保有量的 54.6%，蒙东区占 16.2%，北疆区占 10.8%，黄淮海区占 8.2%，西南区占 5.7%，上述 5 个分区合计占 95.5%（图 4-2）。而我国经济发达的东南区仅占全国保有煤炭资源总量的 0.5%。在东部地区中，黄淮海区、东北区、东南区的剩余资源量分别为 1090.88 亿 t、171.40 亿 t 和 62.45 亿 t。与此同时，东部地区（如黄淮海区）城市、道路、村庄压煤普遍严重，很多煤田下组煤煤质较差，并受地下水威胁而难以开采，诸多矿井早已进入深部开采期，生产能力大幅度下降，安全隐患不断加大。

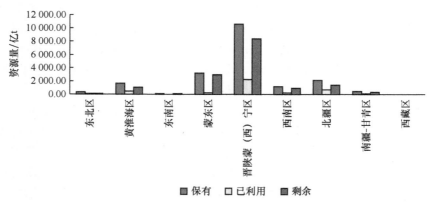

图 4-1　"井"字形区划下我国保有煤炭资源的分布情况

　　我国煤田构造复杂，煤层埋藏较深，适宜露天开采的资源少，开采条件仅居世界中下等水平，不及美国、俄罗斯、澳大利亚及南非，大体与波兰、德国等国家的条件相当。我国煤田的地质和开采条件总体偏复杂，各种地质条件的煤田均有。国有重点煤矿中，Ⅰ 类的有大同、兖州、神府等矿区的部分煤矿，其煤层赋存条件优越，构造简单，煤层稳定，煤层倾角小，煤层厚度大或厚煤在上部，这类矿井的可利用储量不到国有重

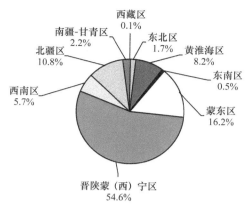

图 4-2　"井"字形区划下我国保有煤炭资源的构成情况

点煤矿的 1/3，其中只有极少数煤矿比较接近美国、澳大利亚的煤层赋存条件；Ⅱ类的有开滦、徐州、鹤岗等矿区的部分煤矿，地质构造较简单，煤层较稳定，接近当年苏联煤炭资源的赋存条件，这类矿井的可采储量占国有重点煤矿的 40% 左右；Ⅲ类的主要分布在我国华南、西南地区（北方一些矿区地质及开采技术条件也比较复杂，如邯郸、通化、轩岗等矿区），其地质条件较差，构造复杂，煤层不稳定，这类矿井的可采储量占国有重点煤矿的 25% 以上。

　　具体到煤炭资源储量和基础储量的分布来看，"井"字形中部地区贡献了我国 78.2% 的煤炭资源储量和 73.5% 的煤炭资源基础储量。按照"井"字形区划格局，晋陕蒙（西）宁区的资源储量和基础储量最多，两者分别高达 829.91 亿 t 和 1469.00 亿 t，其次为西南区、黄淮海区和蒙东区。东北区和东南区的储量仅为 29.43 亿 t 和 27.19 亿 t，可供进一步开采的资源极为有限（图 4-3）。从资源储量构成来看，晋陕蒙（西）宁区占全国的 55.8%，西南区占全国的 14.7%，黄淮海区占 11.7%，蒙东区占 7.8%，南疆-甘青区占 3.0%，北疆区占 2.8%。上述 6 个分区合计占全国煤炭资源保有总量的 95.8%（图 4-4）。

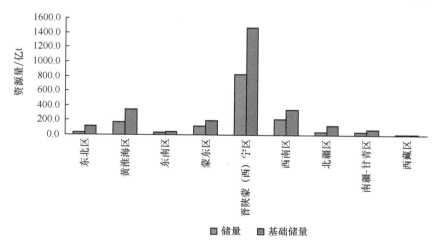

图 4-3　"井"字形区划下我国煤炭资源储量的分布情况

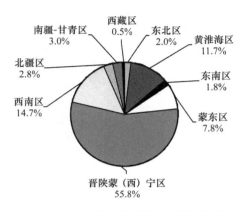

图 4-4　"井"字形区划下我国煤炭资源储量的构成情况

　　为了探明不同区域资源赋存情况,本研究进一步整理了不同省份的资源数据。图 4-5 展示了我国不同省份的煤炭资源保有量情况。内蒙古、新疆、山西和陕西位居我国煤炭资源保有量的前 4 位,其次为贵州、河南、河北、宁夏、安徽 5 省 (自治区)。东北区和东南区省份保有资源量普遍很少,沿海部分省份几乎无煤炭资源分布。各省 (自治区、直辖市) 保有煤炭资源量明显可划分为 4 个等级:①内蒙古、新疆、山西、陕西 4 省 (自治区) 煤炭资源最为丰富,均超过 1500 亿 t;②贵州、河南两省,均超过 500 亿 t;③黑龙江、安徽、河北、山东、宁夏、四川、云南和甘肃的保有资源量均大于 100 亿 t;④北京、天津、吉林、辽宁等省 (直辖市) 煤炭资源保有量普遍较少,东南区浙江、福建、江西、湖北、广东、海南等省 (自治区) 各自的煤炭保有量甚至不足 20 亿 t。煤炭资源量总体呈现"西多东少,北富南贫"的分布特征。

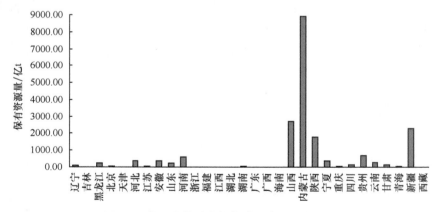

图 4-5　按省份统计的保有煤炭资源分布情况

　　按省份统计的我国煤炭资源储量分布情况见图 4-6。山西的煤炭资源储量位居全国第一,高达 577.82 亿 t (占全国总量的 38.8%),其次为内蒙古 (15.0%)、贵州 (8.5%)、陕西 (8.5%) 等地。东部仅有河南 (72.64 亿 t)、安徽 (40.78 亿 t) 和山东 (34.26 亿 t) 拥有超过 20 亿 t 的资源储量,其余省份的资源储量已经很低。东南区除湖南的资源储量为 16.83 亿 t 以外,其余省份资源储量甚至普遍不足 5 亿 t,经济可采的煤炭资源基本枯竭。

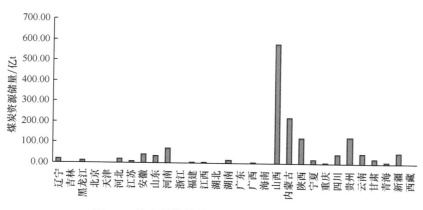

图 4-6　按省份统计的煤炭资源储量分布情况

通过计算各省份资源的储采比（以 2010 年煤炭产量为基础）发现，贵州和山西的储采比最高，分别为 89.8 年和 82.5 年；超过 50 年的有贵州、山西、青海、新疆、云南、甘肃和四川等省（自治区），均位于中西部地区。值得注意的是，内蒙古（储采比 32.3 年）、陕西（储采比 35.5 年）、宁夏（储采比 29.2 年）等资源大省（自治区）和产煤大省（自治区）储采比并不高，地质勘探工作亟待加强。储采比低于 20 年的有吉林、黑龙江、北京、福建、江西、湖北、重庆等省（直辖市），其中吉林、黑龙江、北京、湖北、重庆等省（直辖市）甚至不足 10 年。东部地区储采比高于 30 年的仅有辽宁、江苏、安徽、河南和广西等省（自治区），但普遍小于 40 年。总体来看，东部地区储采比约为 24 年，中部地区约为 54 年，西部地区约为 58 年。

4.1.2　煤炭资源勘查利用程度

为了进一步说明我国煤炭资源的勘查利用程度，对比分析了保有煤炭资源和已利用煤炭资源的分布情况（图 4-7）。山西、陕西、内蒙古、新疆 4 省（自治区）保有资源总量的基数和已利用煤炭资源的绝对量均较大，这一现象有力说明：资源总量基数越大，其可供利用的煤炭资源基础越雄厚。

山西长期为我国主要的产煤大省，已利用煤炭资源的绝对量也最大，达到 1400 亿 t；新疆、内蒙古、陕西次之，已利用煤炭资源量均高于 300 亿 t；其他省（自治区、直辖市）已利用煤炭资源的绝对量普遍较小，均低于 200 亿 t，尤其是华南赋煤区东南区部分省（自治区、直辖市）已利用煤炭资源的绝对量很低，且资源的勘查程度已经很高。辽宁、吉林、安徽、江苏、北京、福建、广东、山西、重庆等省（直辖市）已利用资源量占各省（直辖市）保有资源总量的比例（资源利用率）超过 50%；其余省（自治区、直辖市）的资源利用率均不足 50%。煤炭资源比较丰富的陕西、内蒙古、新疆、河南、河北、贵州、云南、宁夏等省（自治区），除新疆、河北、宁夏的资源利用率接近或超过 30% 以外，其余均低于 30%，内蒙古、陕西、贵州甚至低于 20%，这些省（自治区）仍然具有非常可观的煤炭资源勘探开发潜力。各省（自治区、直辖市）资源利用率、剩余资源精查率和剩余资源详查率情况详见表 4-2。

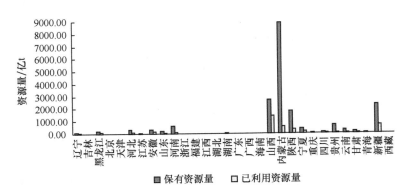

图 4-7   按省份统计的保有煤炭资源与已利用煤炭资源分布情况

表 4-2   "井"字形区划下我国煤炭资源利用及探明程度情况   （单位：%）

"井"字形分区	地区	资源利用率	剩余资源精查率	剩余资源详查率
东北区	辽宁	57.4	18.3	52.4
	吉林	77.4	23.7	22.1
	黑龙江	40.3	21.1	15.4
	小计	47.3	20.6	23.4
黄淮海区	皖北	53.7	35.2	9.8
	苏北	68.8	0.0	59.9
	北京	57.2	30.8	0.1
	天津	0.0	77.7	22.3
	河北	33.7	3.7	4.1
	山东	25.0	22.7	4.0
	河南	18.5	10.9	14.8
	小计	32.0	15.2	10.4
东南区	皖南	92.8	0.0	0.0
	苏南	35.3	14.7	41.8
	浙江	0.0	0.0	20.7
	福建	81.5	9.8	0.5
	江西	9.5	81.7	7.4
	湖北	40.7	38.2	23.0
	湖南	33.7	37.4	28.6
	广东	82.5	58.8	4.7
	广西	44.4	63.8	23.8
	海南	0.0	100.0	0.0
	小计	39.5	55.3	19.5
蒙东区	蒙东	7.0	18.4	41.4
	小计	7.0	18.4	41.4

续表

"井"字形分区	地区	资源利用率	剩余资源精查率	剩余资源详查率
晋陕蒙（西）宁区	山西	52.2	10.6	31.8
	陕北	18.6	17.3	16.2
	蒙西	5.6	11.8	7.9
	宁夏	38.2	41.4	30.2
	小计	20.7	13.4	13.6
西南区	重庆	59.1	7.1	17.7
	川东	26.2	20.8	30.7
	贵州	10.9	36.0	15.0
	滇东	16.7	37.1	39.4
	陕南	86.1	0.0	0.0
	小计	15.7	34.4	22.5
北疆区	北疆	30.6	19.2	12.0
	小计	30.6	19.2	12.0
南疆-甘青区	南疆	20.5	33.1	2.8
	甘肃	20.1	12.0	24.3
	青海	26.5	39.8	52.4
	小计	21.2	26.0	18.0
西藏区	滇西	14.3	49.2	18.6
	川西	31.2	1.6	46.2
	西藏	0.0	0.0	0.0
	小计	22.9	16.1	30.8
全国	总计	20.9	16.8	19.3

值得注意的是，已利用的煤炭资源量可以理解为已被开采的煤炭资源量。煤炭资源开采量的大小不仅取决于资源总量基数的大小，还与煤田自身的地质与水文条件所决定的开采难易程度、现阶段开采技术、开发强度、区域煤炭工业水平以及经济水平等多因素息息相关。煤炭资源总量基数小的省份，其可利用资源的绝对量必然也较小，但其可利用的相对量可能较大；而资源总量基数大的省份，其可利用资源的绝对量也通常较大，但相对量可能较小。在此基础上，剩余煤炭资源量是制定煤炭资源战略所依赖的最直接的基础。

结合图 4-8 中各省（自治区、直辖市）剩余煤炭资源的分布情况，可以得出如下结论。

1）从各分区的重点省份来看，东北区黑龙江省，黄淮海区河北、山东、河南、安徽 4 省，东南区湖南、江西 2 省，蒙东区和晋陕蒙（西）宁区的山西、陕西、内蒙古、宁夏 4 省（自治区），西南区云南、贵州、四川 3 省，北疆区和南疆-甘青区新疆、甘肃 2 省（自治区），剩余资源量具有不同程度的勘查开发潜力。

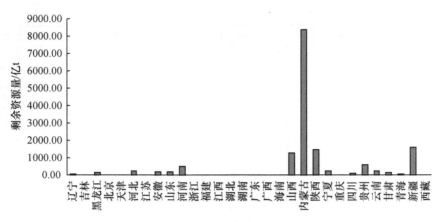

图 4-8　按省份统计的剩余煤炭资源分布情况

2）山西、陕西、内蒙古、新疆 4 省（自治区）因煤炭资源高度集中，且剩余资源量（超 1000 亿 t）占绝对优势（尤其是内蒙古的剩余资源量超过 8000 亿 t），被认为属于一级潜力区块；宁夏、云南、贵州、河南、河北剩余资源量相对较少（超 200 亿 t，贵州剩余资源量超过 600 亿 t），被认为属于二级潜力区块；黑龙江、山东、安徽、甘肃剩余资源量超过 100 亿 t，被认为属于三级潜力区块。

3）内蒙古、新疆、陕西、山西保有资源绝对量大，且剩余资源量大，说明上述省（自治区）是未来煤炭资源勘探开发的主力区域。大兴安岭—太行山—雪峰山以东，即处于东北区、黄淮海区、东南区的相关省份，除河南、河北、山东、安徽 4 省还有少量资源分布外，其他省份煤炭资源面临枯竭，河北、安徽、河南、山东 4 省的限采和其他省份的停采迫在眉睫。

当然，剩余煤炭资源量大也并不意味着可以开采利用的煤炭资源量就大。因为在煤田地质水文条件、煤炭开采难易程度、现阶段开采技术等多因素综合影响下，必然决定剩余的煤炭资源只可能部分被开采出来，开采利用的资源量只是剩余资源量的一部分。这就使得剩余资源绝对量较少的贵州、河南、河北、云南 4 省的勘探开发潜力，远不如剩余资源量占绝对优势的山西、陕西、内蒙古、新疆 4 省（自治区）。

对比各省（自治区、直辖市）煤炭资源探明储量以及部分省（自治区、直辖市）主要煤田探明资源总量发现：有大规模煤田分布的，其探明的煤炭资源总量基数普遍较大，如东北赋煤区黑龙江，华北赋煤区晋、陕、宁、冀、鲁、豫、皖，西北赋煤区新疆、甘肃以及华南赋煤区川、黔、滇等的探明煤炭资源量均超过 100 亿 t；而没有大规模煤田分布的，其探明煤炭资源量均不超过 50 亿 t。这说明大规模煤田的存在，对全省（自治区、直辖市）资源量的贡献率较高，如黑龙江、安徽、山东、山西、陕西、宁夏、贵州等省（自治区）。该类省（自治区）的大规模煤田，其资源量占据绝对主导地位，煤炭资源高度集中于主要煤田之中，而其他小规模煤田的煤炭资源分布稀少，大规模煤田理应成为勘探开发的重点煤田。辽宁、河北、河南、新疆、甘肃、四川和云南等省（自治区）的主要煤田资源总量与全省（自治区）探明资源总量差距相对较大，说明该类省（自治区）内，除一部分煤炭资源富集于大规模煤田之中外，还有相当一部分煤炭资源零散分布于其他小规模煤田之中。在该类省（自治区）的大规模煤田作为勘探开发主要对象的同时，也不能忽视其他小规模煤田的资源贡献。

　　总体上，东部资源利用率很高，可以说浅部开采地质条件好的资源已经利用，尚未利用资源量主要分布在安徽、河南、黑龙江、河北、山东 5 省；其他省（自治区、直辖市）资源量大多为零星区块，大多数难以单独建井，有的仅供矿井延伸使用，有的近期难以利用。中部保有资源储量主要分布在山西、陕西和内蒙古等地，后备资源比较充足。但是，这些资源的构成十分复杂：一是一些地区资源大多分布在 600 m 以深，浅部资源大部分已被利用，尤其是山西；二是勘查程度低，尤其是内蒙古和陕西两省（自治区）大部分为预查资源量，内蒙古的精查资源率和详查资源率分别为 11.8% 和 7.9%，陕西相应比例分别为 17.3% 和 16.2%；三是资源分布过分集中，煤种单一，外部开发条件差。尚未利用资源绝大多数分布在陕北煤田、内蒙古东胜煤田、山西河东煤田中北部。云贵川渝煤炭区煤炭资源也比较丰富，资源大部分分布在贵州，其次为云南，剩余资源勘探程度适中。西部煤炭资源分布集中，保有资源总量绝大部分在新疆，其次为甘肃、青海；本区域勘查程度普遍偏低，其中很多为预测资源量，新疆的精查资源率和详查资源率分别为 20.6% 和 11.1%。

4.1.3　煤炭资源勘查找煤前景

　　我国煤炭资源具有广阔的勘查开发利用前景。根据中国煤炭地质总局 2009 年汇总的地质评价报告，我国 2000 m 以浅煤炭资源总量为 5.82 万亿 t，其中，尚有预测资源量 3.88 万亿 t。我国预测煤炭资源量的分布情况见表4-3。

表 4-3　"井"字形区划下我国预测煤炭资源的分布情况　　（单位：亿 t）

"井"字形分区	地区	1000m 以浅	1000~2000m	2000m 以浅总计
东北区	辽宁	10.03	43.25	53.28
	吉林	38.06	31.43	69.50
	黑龙江	141.91	59.84	201.75
	小计	190.01	134.52	324.53
黄淮海区	皖北	35.64	394.48	430.12
	苏北	2.22	36.37	38.59
	北京	34.72	47.02	81.75
	天津	0.38	170.38	170.76
	河北	27.65	440.07	467.72
	山东	36.82	109.02	145.84
	河南	67.50	643.23	710.74
	小计	204.95	1 840.58	2 045.52
东南区	皖南	10.53	5.54	16.07
	苏南	7.22	7.71	14.93
	浙江	0.00	0.12	0.12
	福建	19.31	6.42	25.73
	江西	34.04	12.79	46.83
	湖北	11.18	4.69	15.87

"井"字形分区	地区	1000m 以浅	1000~2000m	2000m 以浅总计
东南区	湖南	44.31	17.72	62.04
	广东	6.61	4.53	11.14
	广西	18.43	2.56	20.99
	海南	1.07	0.00	1.07
	小计	152.70	62.07	214.77
蒙东区	蒙东	1 270.56	1.55	1 272.11
	小计	1 270.56	1.55	1 272.11
晋陕蒙（西）宁区	山西	854.26	2 878.93	3 733.19
	陕北	166.28	2 092.99	2 259.27
	蒙西	987.19	5 077.49	6 064.68
	宁夏	131.65	1 339.36	1 471.01
	小计	2 139.38	11 388.77	13 528.15
西南区	重庆	34.33	103.20	137.53
	川东	84.99	158.16	243.15
	贵州	877.49	1 003.45	1 880.94
	滇东	246.19	189.51	435.70
	陕南	0.00	0.00	0.00
	小计	1 243.00	1 454.32	2 697.32
北疆区	北疆	8 669.02	7 188.82	15 857.84
	小计	8 669.02	7 188.82	15 857.84
南疆-甘青区	南疆	132.99	691.02	824.01
	甘肃	154.11	1 502.69	1 656.81
	青海	191.95	152.52	344.47
	小计	479.05	2 346.23	2 825.28
西藏区	滇西	13.36	0.68	14.04
	川西	9.56	6.50	16.06
	西藏	9.24	0.00	9.24
	小计	32.16	7.18	39.34
全国	总计	14 380.82	24 424.04	38 804.86

在我国 2000 m 以浅的预测资源总量中，1000 m 以浅预测资源量为 14 380.82 亿 t，1000~2000 m 预测资源量为 24 424.04 亿 t。按照"井"字形区划格局（图 4-9），1000 m 以浅的预测资源主要分布于北疆区以及晋陕蒙（西）宁区，其中北疆区占全国 1000 m 以浅预测资源总量的 60.3%，晋陕蒙（西）宁区占全国 1000 m 以浅预测资源总量的 14.9%；其次为西南区和蒙东区。但 1000~2000 m 预测资源分布情况稍有不同，晋陕蒙（西）宁区贡献该深度段预测资源总量的 46.6%，北疆区贡献该深度段预测资源总量的 29.4%；其次为南疆-甘青区、黄淮海区和西南区。总体来看，北疆区以及晋陕蒙（西）

78

宁区贡献全国 2000 m 以浅预测资源总量的 75.7%。

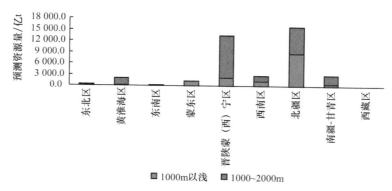

图 4-9　"井"字形区划下我国预测煤炭资源的总体分布情况

如果简单按照东部、中部和西部划分（表 4-4），中、西部地区将是未来我国煤炭资源勘查的重点区域，中西部许多找煤有利区地质工作程度低，资源条件好，找煤前景较大。新疆地区 1000 m 以浅的预测资源将是未来西部找煤的重点方向，区域资源优势也与我国煤炭资源开发仍需加快向西转移的战略相契合。与之相比的是，东部地区预测资源量占全国的比例非常有限，且主要赋存于 1000 m 以深，主要分布于黑龙江、安徽、河北和河南等省；这些预测资源普遍埋藏较深，分布零星，构造复杂，资源条件较好的区块很少，一般只能供矿井延伸使用，找煤前景不乐观，深部找煤将是重点。

表 4-4　"井"字形区划下我国不同深度预测煤炭资源量的分布情况

分区		1000 m 以浅		2000 m 以浅	
		资源量/亿 t	占全国比例/%	资源量/亿 t	占全国比例/%
东部		547.66	3.8	2 584.82	6.7
	东北区	190.01	1.3	324.53	0.8
	黄淮海区	204.95	1.4	2 045.52	5.3
	东南区	152.70	1.1	214.77	0.6
中部		4 652.94	32.4	17 497.58	45.1
	蒙东区	1 270.56	8.8	1 272.11	3.3
	晋陕蒙（西）宁区	2 139.38	14.9	13 528.15	34.9
	西南区	1 243.00	8.6	2 697.32	7.0
西部		9 180.23	63.8	18 722.46	48.2
	北疆区	8 669.02	60.3	15 857.84	40.9
	南疆-甘青区	479.05	3.3	2 825.28	7.3
	西藏区	32.16	0.2	39.34	0.1
全国总计		14 380.82	100.0	38 804.86	100.0

4.2 煤炭资源开发的水资源条件

4.2.1 煤矿区水资源供需现状

由于我国煤炭资源与水资源呈逆向分布，水资源条件主要针对矿区煤炭资源开发而言，因而，本研究选取我国大型煤炭基地的水资源状况作为分析对象，部分结论参考《大型煤炭基地煤炭资源水资源和生态环境综合评价报告》（国家发展和改革委员会能源局和中国煤炭地质总局，2006）。

"十一五"期间，我国重点建设了神东、晋北、晋中、晋东、内蒙古-东北（蒙东）、云贵、河南、鲁西、两淮、黄陇（华亭）、冀中、宁东和陕北13个大型煤炭基地；"十二五"期间，新疆从原来的储备煤炭基地正式成为我国第十四个大型煤炭基地。各煤炭基地所包含的矿区见表4-5。

表4-5 各煤炭基地包括的矿区一览表

煤炭基地	矿区	矿区数/个
神东	神东、万利、准格尔、包头、乌海、府谷	6
晋北	大同、平朔、朔南、轩岗、岚县、河保偏	6
晋中	西山、东山、离柳、汾西、霍州、乡宁、霍东、石隰	8
晋东	阳泉、武夏、潞安、晋城	4
蒙东	扎赉诺尔、宝日希勒、伊敏、大雁、霍林河、白音华、胜利、平庄、阜新、沈阳、铁法、抚顺、鸡西、七台河、双鸭山、鹤岗	16
云贵	小龙潭、老厂、恩洪、昭通、镇雄、盘县、普兴、六枝、水城、织纳、黔北、古叙、筠连	13
河南	鹤壁、焦作、义马、登封-郑州、平顶山、永夏	6
鲁西	兖州、济宁、新汶、枣滕、龙口、淄博、肥城、临沂、巨野、黄河北	10
两淮	淮北、淮南	2
黄陇（华亭）	彬长、黄陵、旬耀、铜川、蒲白、澄合、韩城、华亭	8
冀中	峰峰、邯郸、邢台、井径、开滦、蔚县、宣化下花园、张家口北部、平原大型煤田	9
宁东	石嘴山、石炭井、灵武、鸳鸯湖、石沟驿、横城、韦州、马积萌	8
陕北	榆神、榆横	2
新疆	准东、吐哈、伊型、库拜	4
合计	—	102

我国14个大型煤炭基地中有11个基地分布在干旱、半干旱地区。中国煤炭地质总局水文地质局对13个大型煤炭基地（未含新疆煤炭基地）重点规划矿区的水资源供需情况进行预测（孙文洁，2012）得出：到2020年，13个大型煤炭基地部分规划矿区总需水量保守估计为608.14万 m^3/d，扣除现状供水能力每天需（缺）水约为404.14万 m^3

（表4-6）。除云贵基地水资源丰富以外，其余12个基地均缺水。考虑到矿区矿井水的加强利用和有的矿区洗煤厂、电厂等建设用水规划利用地表水解决，规划期内（至2020年）上述规划矿区共计需要勘查寻找新的地下水150.48万 m^3/d。

表 4-6　大型煤炭基地国家规划矿区供需水量统计表

煤炭基地	规划煤矿区	保有储量 /亿 t	规划规模 /（万 t/a）	规划需水量 /（万 m^3/d）	需（缺）水量 /（万 m^3/d）
神东	东胜	1 086.88	5 000	39	16.7
	神府新民	81.00	2 200	19.46	4.46
	准格尔	246.73	11 300	78	41.1
	合计	1 414.61	18 500	136.46	62.26
晋北	大同	569.71	6 570	23	11
	平朔朔南	281.5	10 300	15.45	7.45
	河保偏	218.79	2 700	40	30
	合计	1 070	19 570	78.45	48.45
晋中	西山-古交	183.55	暂未规划	5.5	2.0
	霍州	124.77	1 550	4.05	0.5
	离石、柳林	229.56	2 300	3.5	3.5
	乡宁	160.98	2 400	3.6	2.7
	沁源（霍东）	90.01	600	2.5	2.5
	合计	788.87	6 850	19.15	11.2
晋东	阳泉	158.29	8 000	13.46	8.58
	潞安	146.32	2 550	47.97	39.72
	晋城	247.44	8 520	13.92	8.69
	合计	552.05	19 070	75.35	56.99
蒙东	胜利	213.72		25.71	11.7
	白音华	0.58	—	—	—
	扎赉诺尔	86.77	—	—	—
	霍林河	111.70	—	—	—
	宝日希勒	41.66	—	—	—
	伊敏	110.45	—	—	—
	鸡西	49.76	—	—	—
	鹤岗	26.48	—	—	—
	合计	641.12	24 000	25.71	11.7

续表

煤炭基地	规划煤矿区	保有储量/亿t	规划规模/（万t/a）	规划需水量/（万m³/d）	需（缺）水量/（万m³/d）
云贵	盘县	94.03	2 680	—	—
	水城	69.23	2 330	—	—
	织纳	121.49	2 320	—	—
	黔北	180.79	3 690	—	—
	恩洪-庆云	24.48	700	—	—
	老厂	83.06	1 000	—	—
	古叙	34.88	尚未规划	—	—
	筠连	35.15	150	—	—
	合计	643.11	12 870	—	—
河南	平顶山	78.44	5 630	8.45	6.53
	登封-郑州	70.35	3 620	5.43	4.85
	合计	148.79	9 250	13.88	11.38
鲁西	枣滕	25.49	2 000	4.37	0.11
	巨野	57.89	3 205	7.35	5.72
	黄河北	14.00	745	2.67	2.67
	合计	97.38	5 950	14.39	8.5
两淮	淮北	98.10	4 350	48	35
	淮南	174.32	6 115	9.2	4.2
	合计	272.42	10 465	57.2	39.2
黄陇	彬长	87.80	3 570	4.65	4.65
	渭北	108.55	3 020	7.75	1.8
	合计	196.35	6 590	12.4	6.45
冀中	邯郸-邢台	100.81	2 815	31.82	7.68
宁东	灵武-鸳鸯湖	90.72	6 300	102.75	99.75
陕北	榆神	659.00	5 400	39.98	39.98
	榆横	455.79	400	0.6	0.6
	合计	1 114.79	5 800	40.58	40.58
总计		7 131.02	148 030	608.14	404.14

注：蒙东基地规划规模合计值为整个基地整体规模。

中国科学院地理科学与资源研究所陆地水循环与地表过程重点实验室（2012）预测，我国14个大型煤炭基地煤炭采选业在2015年总需水量将达到66.47亿m³，即每天需水量约为1821.10万m³；2020年总需水量将达到81.51亿m³，即每天需水量约为2233.15万m³（表4-7）。如果考虑煤炭资源利用，即将采煤洗选、发电、煤化工等行业的需水量统一纳入，2015年全国14个大型煤炭基地上、下游产业链需水量可能总计约99.75亿m³，其中采煤洗选产业、火电产业和煤化工产业需水量分别占总需水量的

66.64%、22.24% 和 11.12%（表 4-8）。采煤产业是整个煤炭基地产业链中最大的用水大户，同时煤电产业在山西、陕西和宁夏等地煤炭基地的总用水规模中占有突出位置。该研究还认为，仅从水资源量的角度，内蒙古、山西、陕西境内的煤炭基地 2015 年采煤需水量与现状工业用水量的比值分别为 137.3%、57.9%、95.9%，三者比值均超过了 50%，采煤产业发展严重影响整体工业用水规模，势必占用其他非工业用水才能满足需求。如果考虑煤炭全产业链总需水量，内蒙古、山西、陕西、宁夏现状工业用水量根本无法满足规划年（2015 年）煤炭基地全产业链的用水需求，水资源供需矛盾将十分尖锐。目前的规划未充分考虑地区水资源合理承载能力，使得区域水环境系统面临空前压力，急需依据区域水资源供给能力，实施煤炭产业发展规划政策的调整，同时大力提升工业节水能力和用水效率。

表 4-7 我国 14 个大型煤炭基地煤炭采选需水情况预测

煤炭基地	2010 年产能 /亿 t	2015 年生产能力 /亿 t	2020 年生产能力 /亿 t	2015 年需水量 /亿 m³	2020 年需水量 /亿 m³
神东	4.69	5.2	5.77	17.68	19.62
晋北	2.95	3	3.05	2.79	2.84
晋中	1.35	1.5	1.67	1.4	1.55
晋东	2.35	2.85	3.46	2.65	3.22
蒙东	3.9	5.2	6.93	17.68	23.56
云贵	2.55	2.6	2.65	3.12	3.18
河南	2.07	2.15	2.23	3.66	3.79
鲁西	1.72	1.4	1.14	0.69	0.56
两淮	1.3	1.5	1.73	2.1	2.42
黄陇	0.95	1.45	2.21	2.61	3.98
冀中	0.9	0.8	0.71	3.2	2.84
宁东	0.6	0.9	1.35	1.53	2.3
陕北	2.4	3	3.75	5.4	6.75
新疆	1.1	4	10	1.96	4.9
总计	28.83	35.55	46.65	66.47	81.51

资料来源：中国科学院地理科学与资源研究所陆地水循环与地表过程重点实验室，2012

表 4-8 我国 14 个大型煤炭基地上、下游产业链 2015 年需水情况预测

煤炭基地	煤炭需水量 /亿 m³	火电需水量 /亿 m³	煤化工需水量 /亿 m³	总需水量 /亿 m³
神东	17.68	3.03	2.24	22.95
蒙东	17.68	5.25	1.05	23.98
晋北、晋中、晋东	6.84	5.05	0.66	12.55
云贵	3.12	—	0.54	3.66
河南	3.66	—	0.55	4.21

续表

煤炭基地	煤炭需水量 /亿 m³	火电需水量 /亿 m³	煤化工需水量 /亿 m³	总需水量 /亿 m³
鲁西	0.69	—	0.02	0.71
两淮	2.10	—	0.39	2.49
黄陇	2.61	3.15	0.12	5.88
冀中	3.20	—	—	3.20
宁东	1.53	1.89	0.44	3.86
陕北	5.40	3.31	1.71	10.42
新疆	1.96	0.50	3.38	5.84
总计	66.47	22.18	11.10	99.75

资料来源：中国科学院地理科学与资源研究所陆地水循环与地表过程重点实验室，2012

4.2.2 煤矿区水资源开发利用前景

我国煤矿区整体面临水资源短缺。与此同时，随着未来我国煤炭资源开发重点的逐步西移，在主要煤炭产区建设大型煤电基地向中、东部负荷中心送电也成为必然趋势。电力工业是用水大户，行业的发展离不开水资源保障。水资源也是煤化工产业发展的重要制约因素。大型煤化工项目年用水量通常高达几千万立方米，吨产品耗水在 10t 以上，相当于一些地区十几万人口的水资源占有量或 100 多平方千米国土面积的水资源保有量。一些地区大规模超前规划煤电、煤化工项目，一方面有可能形成产能过剩的局面；另一方面会打破本地区脆弱的水资源平衡，直接影响当地经济社会平稳发展和生态环境保护。西北煤炭产区大都处于干旱、半干旱地区，水资源是一种非常稀缺的资源。然而，即使是在水资源匮乏地区，对水资源的开发和利用也还存在着浪费、污染严重及缺乏科学管理等诸多问题（李东英，2004）。面对煤炭产区水资源匮乏的现实环境，应深入研究富煤少水地区的水资源状况，增强找水能力，挖掘农业、工业节水潜力，合理交换水权，实施配置用水，科学规划煤电、煤化工基地的建设规模，加强水资源的保障供给。

4.2.2.1 神东煤炭基地

东胜矿区工业用水主要考虑用黄河水和水库拦截的水，城市居民的生活用水主要考虑用白垩系志丹群砂岩中的地下水。另外，还可以充分利用地表水资源如河谷、湖泊（红碱淖），并可在烧变岩地带、库布其沙漠边缘地带以及乌兰格尔隆起带寻找新的水源地。找水方向：①黄河沿岸松散层地下水；②沙漠区的萨拉乌苏组地下水；③南部内蒙古、陕西接壤区的白垩系地下水；④矿坑水的资源化。

当神府新民矿区达到远期规模时，沟岔水源工程即使供水 15 万 m³/d，矿区仍缺水。找水方向：①龙口水库或天桥电站黄河地表水；②秃尾河、窑野河流域地表水，包括朱盖沟水库、瑶镇水库、免沟水库供水等；③泉域沟谷松散层水，萨拉乌苏组地下水，烧变岩水，府谷黄河沿岸漫滩阶地地下水，岩溶裂隙水。

准格尔矿区水资源比较丰富，主要有黄河地表水（1998～2002 年平均过境水量 482 m³/s，2004～2006 年平均流量 460 m³/s），岩溶地下水（水资源量 22.74 万 m³/d，允许开采量 16.76 万 m³/d），局部地区煤系砂岩裂隙水（如罐子沟一带，曾发生煤系砂岩突水淹井）。进一步找水方向：①准格尔矿区深层岩溶地下水；②利用黄河地表水；③灌子沟一带煤系砂岩裂隙水；④矿坑水资源化。

4.2.2.2　晋北煤炭基地

大同矿区由于矿区自备水源连年超采，外购水源已达极限，水资源供、需矛盾日益加剧。解决的方案：①积极寻找、开辟新的水源（如大同煤盆地西部岩溶水）；②进一步提高矿井水利用率；③论证规划"册田引水工程"（引水成功可增加供水量 4 万 m³/d）。

平朔朔南矿区内已建立了刘家口和安家岭两个奥灰水（奥陶系灰岩中所含的水）水源地，基本满足平朔矿区目前供水需求。今后新增水量需求（包括朔南矿区建设之需），仍将主要由奥灰（奥陶系灰岩，下同）岩溶地下水解决。

河保偏矿区找水方向：①黄河阶地第四系孔隙水；②岩溶地下水；③矿井水资源化。

4.2.2.3　晋中煤炭基地

西山-古交矿区由于矿区地处晋祠泉域保护范围之内，岩溶水限制开采，找水方向主要是引进的黄河水，另外今后可结合矿井疏排水考虑矿井水复用。

霍州矿区处于郭庄泉和龙子祠泉两大岩溶泉域，岩溶水水量丰富，含水层厚度大，岩溶发育，主要含水层为峰峰组二段、上马家沟组二和三段，找水前景较好。

离石、柳林矿区在水文地质单元上属柳林泉域岩溶水系统，但处于岩溶地下水缓流区，中奥陶统灰岩岩溶裂隙水单位涌水量 0.02～0.556 L/（s·m），最大 4.13 L/（s·m），水质为 $HCO_3 \cdot SO_4$-Ca 型，具有一定供水意义；其余的太原组灰岩岩溶裂隙水、山西组及下石盒子组砂岩裂隙水的富水性均较弱，无供水意义。

乡宁矿区中奥陶统和寒武系岩溶地下水是最主要的地下水资源，单位涌水量达 6.82～14.12 L/（s·m）；风化带单位涌水量为 0.054～4.459 L/（s·m）。本区处于黄河水系和汾河之间，除鄂河常年流水外，均为间歇性的沟谷水系。区南部水源极缺，可取黄河水加以利用；中部可用鄂河长流水；北部有裴家河和王莽沟构造富水带已打的 3 口水井供水，单井出水量均在 1200m³/d 以上。

沁源（霍东）矿区内地表水不发育，且多为季节性流水。由于地形复杂，河床坡度大，大气降水易于排泄，故新生界和煤系地层之上的含水层富水性弱。奥灰岩溶水是该区进一步找水方向。

4.2.2.4　晋东煤炭基地

阳泉矿区中奥陶统灰岩为本区主要强含水层，富水性强，单孔出水量超过 2000 m³/d。但奥灰岩溶水水位埋深 500 m 左右，探采难度较大。矿区规划期用水量 134 574 m³/d，需新增水量 85 774 m³/d。规划新增用水量中，生产用水、井下消防用水及一般生活杂用水尽量采用净化处理后的井下排水或污废水，新增生活用水规划新增深井水或购买市政自来水。

潞安矿区地下水资源丰富,奥陶系灰岩是富含水层,单位涌水量为 3.11 L／（s·m）,水质良好。区内主要有漳泽、后湾、屯绛、申村四大水库。漳泽水库总库容为 4.273 亿 m^3,该水库无能力支持新的工业项目;后湾水库总库容为 1.303 亿 m^3,每年有 3500 万 m^3 的富余水量;屯绛水库总库容为 0.377 亿 m^3,每年有 234 万 m^3 的富余水量;申村水库总库容为 0.338 亿 m^3,每年有 600 万 m^3 的富余水量。今后除了开发利用岩溶地下水、矿井水复用以外,应充分考虑利用本区水库的富余库容。

晋城矿区寒武系至中奥陶统的石灰岩、泥灰岩、白云质灰岩等可溶性岩石,在区域东部、南部及西南部有大片出露;碳酸盐类含水层组是区域内主要含水层组,厚度大,水质好。晋城矿区已有水井数达 150 眼左右,单井出水量 60～80 m^3/h。丹河流域（三姑泉）岩溶地下水天然资源量为 7.75 m^3/s,可采资源量为 4.61 m^3/s;延河泉域在保证率 97% 的情况下可采资源量为 6.35 m^3/s,晋城西区可采资源量为 1.67 m^3/s（14.43 万 m^3/d）,是矿区主要供水水源。区内已建成和供水的有成庄水源地,位于泽州县下村镇,该水源地经原国家储委批准 B 级（允许水资源开采量是水源地勘探报告提交的主要允许开采量）水资源可采量为 365 万 m^3/a（1 万 m^3/d）。另外,根据山西省水利厅文件,申村水库在保证率 97% 时年取水量 800 万 m^3,可作为矿区备用水源。

4.2.2.5 陕北煤炭基地

根据 1998 年《我国西部侏罗纪煤田（榆神府矿区）保水采煤及地质环境综合研究》,及后来勘探证实,榆神矿区内获得 B+D 级（D 级允许开采量和尚难利用的资源量是区域水文地质普查报告或水源地普查报告提交的主要资源量）地下水可采资源量 37.49 万 m^3/d,具有供水前景。供水层位为第四系和侏罗系。

榆横矿区的水资源主要以地表水（河流、池塘、水库）和地下水（孔隙水、裂隙水）为主。秃尾河是区内最大河流,其六大支沟泉均在沙漠及滩地地区,直接补给秃尾河,总开采量为 19.88 万 m^3/d,且不受采矿影响,可作为永久性水源利用。地下水主要有 3 类。①萨拉乌苏组沙层潜水:本区松散层中第四系萨拉乌苏组含水层富水性较好,含水层基本全区分布,单井涌水量一般达 1200 m^3/d 左右。②洛河组基岩潜水–承压水:在矿区的西北部分布,含水层厚度 7.55～200.90 m（一般厚度 74 m）,地层埋深 0～108.50 m;单井涌水量 117～1560 m^3/d,个别点大于 2000 m^3/d,一般为 1000 m^3/d 左右。③烧变岩孔洞裂隙潜水:分布于秃尾河及其支流两岸,含水层厚度 11～30 m,分布稳定;其补给来源充分,故富水性强。

4.2.2.6 黄陇煤炭基地

彬长矿区找水方向主要为白垩系宜君、洛河组基岩裂隙承压水。该含水层厚度大,水量较丰富,常形成承压水,属淡水,区内分布广泛,现开发利用率仅 39%,尚有开发利用潜力。

渭北矿区内地下水主要有两类,可作为进一步找水方向:①松散层孔隙水和基岩裂隙水:本区为半干旱黄土高原、山前台塬区,赋存于塬区低洼处的孔隙水和基岩中的裂隙水是宝贵的地下水资源,广泛为生活和生产企业利用。②奥陶系灰岩岩溶裂隙水:水量丰富，广泛用于工农业生产。

4.2.2.7　蒙东煤炭基地

蒙东煤矿区主要含水层为下白垩统风化带裂隙含水层；浅部风化裂隙带中地下水相对较富水，单位涌水量 0.24~2.731 L/（s·m），渗透系数 1.22~3.03 m/d。东北煤炭基地总体上自然生态环境背景条件较好，气候条件较好，植被发育条件较好，草原、森林覆盖率较西部、中部地区高，降水量相对较大，地表、地下水资源充沛。各矿区还可充分利用矿井水，提高矿井水回用率。

4.2.2.8　宁东煤炭基地

灵武-鸳鸯湖矿区位于荒漠地区，天然水资源量较少。黄河从矿区的西部由北向南流过，是取水水源之一。目前灵武矿区用水量基本靠金银滩水源地解决。鸳鸯湖矿区的供水将依靠金银滩水源地的扩建和地表水库工程，矿区的电场和煤化工规划用水主要靠黄河水建设鸭子档水库解决。

4.2.2.9　冀中煤炭基地

邯郸-邢台（含峰峰）矿区内地表水均不宜作为矿区供水水源。奥灰岩及局部火成岩含水层水量丰富，水质较好，可作为矿区进一步扩大供水水源。

4.2.2.10　河南煤炭基地

平顶山矿区地表水相对丰富，地下水主要取自岩溶地下水；矿区矿井水回用率较高，达 78.9%。下一步主要找水方向为中奥陶统岩溶水。

登封-郑州矿区地表水资源缺乏，不同类型的地下水资源均有不同程度赋存。

4.2.2.11　鲁西煤炭基地

枣滕矿区属淮河流域南四湖湖东区，京杭运河穿过本区。在山东省属富水区，水利条件比较优越，水资源比较丰富。主要水源有地表水资源、地下水资源和引湖水资源。

巨野矿区地表水受季节影响，保证率不高且易受污染；而黄河水引用的造价过高，不宜作为矿区供水水源。第四系及古近系和新近系含水层因水质较差，也不宜作为供水水源。奥陶系灰岩水由于分布范围广，水量丰富，可作为矿区工业及生活用水。

黄河北矿区浅层地下水水质较好，且水量丰富，可作为矿区主要供水水源；奥陶系灰岩水分布范围广，水量丰富，可作为备用水源；矿井涌水经沉淀处理后，可作为各矿井生产用水。

4.2.2.12　两淮煤炭基地

淮北矿区地处淮河冲积平原，地下水资源比较丰富，故矿区供水水源以地下水为主。可供选择的含水层有新生界松散层孔隙含水层（组）、二叠系砂岩裂隙含水层

（组）、石炭系太灰岩溶裂隙含水层（组）和奥陶系灰岩岩溶裂隙含水层（组）。另外，矿井的排水经处理后没有能够充分利用。地表水主要利用塌陷区的水资源，今后，地表水是开发利用的重点对象。

淮南矿区淮南煤田属淮北平原水文地质区，地下水资源比较丰富。区内主要有 4 类含水层组。①寒武系岩溶裂隙含水层：寒武系灰岩地层总厚达 1400 m 左右，富水性中等-强，钻孔揭露最大自流量为 190～390 m^3/h，单位涌水量 0.137～7.67 L/（s·m），水温 34～44.5 ℃，水质 Cl-Na 型。②奥陶系岩溶裂隙含水层：奥陶系地层厚 100～420 m，平均约 250 m；富水性与岩溶发育程度密切相关，为中等-强，单位涌水量 0.01～13.73 L/（s·m），水温 34～44.5 ℃，水质 Cl-Na 型。③石炭系太原群岩溶裂隙含水层（组）：石炭系太原群地层总厚 110～120 m；含薄层灰岩 10～14 层，灰岩厚 55～60 m，占地层总厚约 50% 左右；自上而下划分为 3 组，单位涌水量 0.1～3.6 L/（s·m），富水性中等-强。④新生界松散孔隙含（隔）水层组：可分为上、中、下 3 个含水层组，富水性一般较强。

4.2.2.13　云贵煤炭基地

基地范围内地表水系发育，河网密度大；各岩溶含水层分布广，富水性强，地下暗河、泉水发育，水资源丰富，目前开发利用程度较低。各矿区生产、生活用水一般能够就地满足。

4.2.2.14　新疆煤炭基地

新疆煤炭基地的煤炭资源富集于东疆的吐哈矿区，其地表水、地下水资源较贫乏，目前已经出现需求远大于供给的局面。北疆的准东矿区、伊犁矿区多年平均降水量位居全疆各地州、市之首，地表水、地下水资源比较丰富，远远大于矿区开发的需要。南疆的库拜矿区以满足南疆四地州生产、生活用煤为主，适度发展火电，降水量偏少，水资源供给大于需求。在具备一定条件的情况下，新疆部分毗邻边境的资源富集地区可以提前考虑规划适度的跨国境调水，用于调节未来经济社会发展的水资源需求。

第 5 章 中国煤炭资源开发对生态环境的影响

5.1 煤炭资源开发对生态环境的影响

5.1.1 区域生态

煤炭开采对区域生态的影响主要是采煤地表沉陷，其表现形式为地表移动变形影响土地利用、加速水土流失、加速土地沙化、地表建构筑物损害等，露天开采则是完全破坏原地表植被、建构筑物。

（1）地表移动变形

有关资料（崔龙鹏，2007）显示，我国井工煤炭开采万吨煤沉陷率平均为0.2 hm^2。煤层开采地表沉陷率与煤层埋深、煤层上覆地层岩性关系密切，煤层埋深越深、上覆岩层硬度越小，开采沉陷率就越大。从我国煤炭资源分区及赋存情况看，东部区煤层埋深一般大于西部区，如黄淮海区中的兖州矿区，目前开采煤层埋深基本在 800~1000 m，个别井田开采深度已超过 1000 m；晋陕蒙（西）宁区的神府东胜矿区，开采煤层埋深一般在 100~400 m，部分煤层地表出露。

从地表沉陷对土地资源的损害程度看，由于煤炭资源赋存地理环境差别原因，沉陷对土地资源的损害程度在时空上也存在差别。在不积水情况下，浅埋深煤层开采对地表土地资源的损害程度要大于深埋深煤层对土地资源的损害。其原因为深埋深煤层开采沉陷区土地资源损害是一个缓慢的过程，单位时间土地资源受沉陷影响的强度较小，在采煤工作面推进速度、地表下沉速度系数、地表下沉值相同的情况下，深埋深煤层地表下沉速度要小于浅埋深煤层。在采煤沉陷积水区（一般指浅层地下水位埋深小于 0.8 m），采煤对土地资源的损害除具有不积水区同样特点外，还会因积水而导致土地利用类型发生巨变，由陆地变为水域，如黄淮海区沉陷区约有 30%~50% 的面积会变为水域，积水深度大者可达 20 m 左右（崔龙鹏，2007）。从土地资源损害的变现形式看，不积水区土地资源损害主要表现在植被（包括农业植被）生产力降低，沉陷发生在高边坡区时，还可能会导致农田绝产；集水区土地利用影响要大于不积水区，除植被生产力降低外，还会引发土地资源紧张矛盾，如耕地与采煤矛盾、建设用地与采煤矛盾等。

沉陷区土地复垦是按照煤矿所在地区自然环境条件和复垦利用方向要求，对受影响的土地采取回填、堆砌、平整等各种手段，并结合一定的防洪、防涝等措施进行处理。煤矿区土地复垦应因地制宜，西部地区要采取的工程措施主要为塌陷地裂缝充填、土地平整、道路工程和水利工程等；东部积水区宜采用"挖深垫浅"的处理措施。

沉陷区土地整治费用也随区域不同呈现出较大差异，如辽宁土地复垦投资为 3842 元/亩，吉林 11 241 元/亩，黑龙江 2167 元/亩，山东 6053 元/亩，河南 7156 元/亩，内蒙古 2842 元/亩，山西 3144 元/亩，陕西 4200 元/亩。

根据煤炭工业发展"十一五"规划研究成果（国家发展和改革委员会能源局和中国煤炭工业发展研究中心，2006），我国采煤沉陷区土地复垦欠账较多，2005 年土地复垦率仅为 20%，2010 年土地复垦率也仅为 41.51%。煤炭资源开发的土地复垦工作任重道远，需要加大管理力度及资金投入。

（2）地下水流失

2010 年全国矿井水流失总量约为 49.6 亿 m^3，占我国水资源总量的 0.2%。据典型矿区调查结果，我国煤矿平均吨煤排水量为 2.0~2.5t，不同煤炭区块排水量差异较大，总体上呈东部和南部多、西部和北部少的格局。我国北方矿区平均吨煤涌水量为 3.8 m^3；而我国南方矿区因受气候条件、地理环境等影响，平均吨煤涌水量可达 10 m^3 左右；西北地区吨煤涌水量大部分在 1.6 m^3 以下（国家发展和改革委员会能源局和中国煤炭工业发展研究中心，2006）。

采煤导致地下水流失后，对地下水环境的影响表现在地下水水位下降。当地下水流失量来自居民生产、生活取水含水层时，会引起居民生产、生活用水困难。例如，采煤大省山西，因采煤导致地下水下降 2~4 m，造成大量居民用水困难的局面。当地下水流失量来自浅层地下水时（主要为浅埋煤层开采区，多处于我国生态脆弱区），随着地下水不断流失，还会对植被产生不利影响，继而影响生态系统完整性和稳定性；如不采取有效保水采煤措施和生态整治恢复措施，这些区域水土流失、土地荒漠化程度将会加剧。

5.1.2 水环境

地下水以矿井水形式排出地表后，如未完全得到资源化利用而直接排入地表水体，则会对地表水体产生不利影响。

根据我国矿井水含污染物的特性，一般可大致分为较洁净矿井水、高矿化度矿井水及酸性矿井水（含特殊污染物）3 类。

较洁净矿井水主要分布在华北聚煤区东部和西部聚煤区中部［晋陕蒙（西）宁区中的神府东胜矿区、晋中矿区、晋东矿区、鲁西矿区等］，其 pH 一般呈中性，矿化度低，含较多煤粒、岩、粉等悬浮物，经混凝、沉淀、过滤、消毒后可进行资源化利用及达标外排。

高矿化度矿井水主要分布在华北聚煤区、西部聚煤区边缘区［晋陕蒙（西）宁地区中的黄龙侏罗纪煤矿区、宁东煤矿区、晋北部分矿区］、西北聚煤区（南疆、北疆地区），其主要含有 SO_4^{2-}、Cl^-、Ca^{2+}、Mg^{2+}、K^+、Na^+、HCO_3^- 等离子，水质多呈碱性。处理高矿化度矿井水时，除进行混凝、沉淀等预处理外，关键步骤是脱盐。但目前矿井水脱盐处理产生的二次污染物浓盐水处置问题是现实难题之一，需进一步研究。

受地理、地质构造影响，矿井水中还可能含有汞、镉、铬、铅、砷、锌、氟及放射性物质等特征污染物，此类矿井水一般为酸性，主要分布在东北区、黄淮海区（如华北北部、淮南等矿区)、西南区 (如贵州等矿区)。

　　酸性矿井水 pH 较低,一般在 2~5,水中 Fe^{2+}、SO_4^{2-} 的浓度很高。中和法是酸性矿井水预处理的主要方法。经预处理后的矿井水,结合所含污染物特性,进一步选择相应处理工艺。根据《煤炭工业污染物排放标准》研究成果,上述特征污染物经治理后均可达标。

　　据煤炭工业发展"十一五"规划研究成果 (国家发展和改革委员会能源局和中国煤炭工业发展研究中心,2006),2005 年,全国矿井水综合利用率仅为 15.3%。2010 年矿井水利用率已达到 59%。按照目前水资源短缺的现状,矿井水的处理和资源化利用也将进一步得到发展,从而逐渐改变以排放为主的矿井水利用现状。

5.1.3　固体废弃物

　　我国煤炭开采煤矸石产生量主要与开采煤层赋存状态有关。开采煤层结构复杂、夹矸层数多及厚度大的区域,煤矸石产生量就大;反之,开采煤层结构简单、夹矸层数少及厚度小的区域,煤矸石产生量就小。除此之外,煤矿煤矸石产生量还与采煤方法有关,采用清洁采煤法 (如不切顶、不割底) 煤矸石产生量就小。总体上看,煤层赋存状态是主导控制因素。

　　根据煤炭工业发展"十一五"规划研究成果 (国家发展和改革委员会能源局和中国煤炭工业发展研究中心,2006),随着我国煤炭需求增加、煤炭产能扩大及开采条件变化,吨煤矸石 (含洗选矸石) 平均产生量为 0.2t,煤矸石处置压力将持续增加。

　　煤矸石如不能得到再利用,其处置将会压占大量土地资源。据统计,2000 年全国煤矸石累计堆存量为 286 884 万 t,累计压占土地资源 108 890 亩;2005 年全国煤矸石累计堆存量为 358 924 万 t,累计压占土地资源 111 594 亩,平均每万吨煤矸石堆存压占土地资源 0.31~0.38 亩。对于东部平原区,煤矸石压占土地资源制约煤炭开采问题相对突出。东部煤炭区煤矸石处置场一般为平原型,煤矸石压占的土地资源均为生产力较高的土地;另外,平原型矸石山易产生扬尘、易发生自燃。中西部煤炭区沟壑较多,煤矸石处置场一般为山谷型矸石场,煤矸石压占的土地资源多为荒地;采用分层堆放、碾压、覆土复垦可有效防止煤矸石扬尘、自燃带来的环境污染。从这点看,中西部煤炭区煤矸石外排问题较易得到解决。

　　煤矸石堆存过程中,由于风化氧化及表面失水,遇大风时可产生扬尘,污染大气环境。这一环境问题在东部煤炭区平原型矸石场表现尤为突出。另外,煤矸石中有机质、含硫物质在长期堆存过程中,因内部热量不能及时排出而可能引起煤矸石自燃,自燃废气中 SO_2、H_2S 等有害物质对周围大气环境影响较大;自燃后矸石山如遇降雨,重金属污染物易溶于水而进入地下水环境,从而污染矸石场附近地下水环境和土壤环境。根据矸石有关自燃机理研究成果及我国矸石山自燃情况,我国煤矸石具有自燃倾向,如堆存过程中采取措施不当,在合适的条件下,矸石山就会发生自燃。据有关资料显示,我国约有 1/3 的矸石山发生过自燃;其中又以平原型矸石山居多,在已堆积的 1500 多座矸石山中,近 300 座发生过自燃或正在发生自燃。

　　煤矸石无机成分主要是硅、铝、钙、镁、铁的氧化物和某些稀有金属。由于具有一定的发热量，因而煤矸石既是煤炭生产的废弃物，同时又是可利用的资源。煤矸石处置应遵循"减量化、资源化、无害化"的原则，优先进行资源化综合利用。西部地区临时排矸场应优先选择山谷型排矸场，闭场时将渣场整平进行覆土种草，防止弃渣风蚀，提高区域植被盖度；东部地区应尽可能开拓资源化利用途径，减少矸石堆存侵占有限的土地资源。煤矸石综合利用的主要途径为煤矸石发电、做建材。另外，煤矸石还可用于烧结轻骨料，生产低热值煤气，制造陶瓷，制作土壤改良剂，或用于铺路、井下充填、地面充填造地等。

"十一五"期间，中国煤炭工业大力发展循环经济，按照减量化、再利用、再循环的原则，重点治理和利用煤矸石、矿井水和粉煤灰。2005年全国煤矸石综合利用率为41.2%；2010年，煤矸石综合利用量达3.9亿t以上，利用率达到70%以上。其中，煤矸石等低热值燃料电厂年利用2亿t；煤矸石砖利用0.9亿t；煤矸石复垦造田筑路和井下充填消纳1亿t以上。

5.1.4 大气环境

（1）矿井瓦斯及其资源化

矿井瓦斯是一种温室气体，其温室效应是CO_2的21倍。国有重点煤矿中，有高瓦斯矿井152处，煤与瓦斯突出矿井154处，高瓦斯、煤与瓦斯突出矿井数量约占49.8%，其煤炭产量约占42%，主要分布在安徽、四川、重庆、贵州、江西、湖南、河南、山西、辽宁、黑龙江等省（直辖市）。45户安全重点监控企业中，有高瓦斯、煤与瓦斯突出矿井250处，其矿井数量和煤炭产量分别占60.2%和60.6%。

瓦斯综合利用主要途径为民用瓦斯燃气、工业瓦斯锅炉、瓦斯发电。2005年全国瓦斯涌出量为51亿m^3，其中利用量为4亿m^3，利用率仅7.8%；2010年全国瓦斯涌出量68亿m^3，其中利用量为34亿m^3，利用率为50%。

（2）锅炉废气及处理

矿井工业场地采暖（仅长江以北地区）均需通过锅炉供给。锅炉房废气根据其产生源规模、数量可选择不同的处理方式进行烟气净化处理，如采用旋风或水浴除尘器除尘、双碱法脱硫等措施。

矿井地面供热燃煤废气主要为SO_2、NO_x、TSP（总悬浮颗粒物）。烟气除尘技术在国内已较为成熟；SO_2随煤质变化产生量变化很大，SO_2被纳入我国"十一五"总量控制指标；NO_x已纳入"十二五"总量控制指标。

（3）矿井粉尘及处理

矿井地面粉尘污染的环节主要包括原煤提升、厂内输送、储存、筛分破碎、洗选加工及其运输环节。处理方式包括落煤点采用集尘罩，原煤堆场加装防风抑尘网，设置落煤塔和筒仓储煤，筛分破碎环节采用集尘罩，洗选加工环节一般位于密闭厂房内，运输环节加盖篷布。近年来新建的现代化矿井，由于从原煤出井到进入产品筒仓，整个环节可实现自动化密闭操作，做到工业场地内原煤"不露天、不落地"，对环境影响较小。

总体而言，煤炭开采对环境的影响主要表现在生态破坏上。我国生态环境恢复欠账较多，土地复垦仍需大力开展，并需进一步提高对瓦斯、矿井水及煤矸石的资源化利用率。

5.2　中国生态环境总体特征

在长期的自然及人为因素的影响下，同时在缺乏对生态环境保护和修复的制约的情况下，中国当前的生态环境形势不容乐观，其主要表现是：耕地逐年减少，质量下降，部分地区水土流失仍在加剧；森林质量下降，草原超载、退化、生态功能衰退；水资源开发利用不合理，水生态严重失衡；栖息地环境恶化，珍稀野生物种濒临灭绝；近海污染严重，海洋资源衰退等（国家环境保护总局，2004）。根据区域生态特征、生态系统服务功能与生态敏感性空间分异规律，中国目前的生态功能区分为生态调节功能区、产品提供功能区与人居保障功能区 3 个一级区；水源涵养、土壤保持、防风固沙、生物多样性保护、洪水调蓄（生态调节功能），农产品、林产品（产品提供功能），以及大都市群和重点城镇群（人居保障功能）9 个二级功能区；216 个三级功能区（中华人民共和国环境保护部和中国科学院，2008）。

"井"字形区划格局不仅反映了我国煤田地质、地理、社会经济的区域分异现象（田山岗等，2006），同时也可以区隔我国区域生态环境特征。总体上，大兴安岭—太行山—雪峰山以东的区域生态功能以产品提供和人居保障为主，西部主要以生态调节功能为主。按"井"字形格局来说，东部的生态环境功能主要是农产品和林产品提供、大都市群和重点城镇群人居保障、水源涵养等；中部的生态功能主要为土壤保持、防风固沙、水源涵养等；西部的生态功能主要为防风固沙、水源涵养、生物多样性保护等。但对于不同煤炭资源分布及发展区带，生态环境特征存在一定差异（国家统计局和环境保护部，2010）。

5.2.1　东北区

东北区具体生态功能分区分别为大小兴安岭水源涵养重要区，三江和松嫩平原区农林产品提供区，嫩江、三江平原湿地生物多样性保护重要区及城镇群人居保障区。其中生物多样性保护重要区其原始湿地面积大，生态系统类型多样，生物多样性丰富，植被类型以沼泽苔草为主。

自然环境特征：位于东北平原区；气候类型为温带季风气候，降水量 400~1000 mm；人均水资源量 396~2587 m^3，水资源紧缺隶属度 0.35~0.5；人口密度 84~295 人/km^2，植被覆盖度较好，生物多样性较好，生态环境质量指数 50~57，生态环境状况良好。

该区生态环境主要问题：原始森林破坏严重，出现不同程度的生态退化现象，现有次生林和其他次生生态系统保水保土功能较弱；农田被侵占，土壤肥力下降，农业面源污染严重；林区过量砍伐，森林质量下降；湿地面积减小和破碎化，生物物种多样性受到威胁，生物物质生产功能减退，生态系统功能下降；城镇环境污染严重，城镇的规模化扩大，忽略了其生态功能。

主要生态环境保护措施：严禁开发利用原始森林，加大原始森林生态系统保护力度，植树造林，涵养水源；加强林缘草甸草原的管护和退化生态系统的恢复重建；严格保护基本农田，培养土壤肥力，加强农田基本建设，加大矿区受采煤影响耕地的修复力度；加强现有湿地资源和生物多样性的保护，禁止疏干、围垦湿地，开展退耕还湿生态工程，严格限制泥炭开发；加快城市环保基础设施建设，建设生态城市，并加快老矿区的生态修复及污染治理。

5.2.2 黄淮海区

黄淮海区具体的生态功能主要为农产品提供，其次为洪水调蓄、阔叶林土壤保持。

自然环境特征：位于华北平原区；气候类型为温带季风气候，降水量 $400 \sim 2500$ mm；人均水资源量 $201 \sim 519$ m^3，水资源紧缺隶属度大于 0.5；人口密度 $384 \sim 1167$ 人/km^2，植被覆盖度中等-较好，生物多样性一般-较好，生态环境质量指数 $41 \sim 62$，生态环境状况一般-良好。

该区煤炭资源分布及开发区属于冀东及华北平原农产品提供区、黄河洪水调蓄区以及山东半岛丘陵及鲁中山地落叶阔叶林土壤保持区。其主要生态问题是农田被侵占，土壤肥力下降，农业面源污染严重；地势低洼，雨季容易发生涝灾，沿淮湖泊洼地易成为行蓄洪区；淮河干流及支流水污染严重，影响沿岸城市供水及水产养殖；不合理的土地利用，特别是陡坡开垦，以及矿产开发、城镇建设、森林破坏等人为活动，导致地表植被退化、土壤侵蚀危害严重。

主要生态保护措施：加强农田基本建设，增强抗自然灾害的能力；调整产业结构及农村经济结构，加快农业人口的转移，减小土地的压力；发展无公害农产品、绿色和有机食品；地势低洼地区建为河流洪水调蓄重要生态功能区，合理迁移区内人口；保护湖泊湿地和生物多样性与自然景观；严格控制地表水污染；全面实施保护天然林、退耕还林、退牧还草工程，严禁陡坡垦殖；严格资源开发和建设项目的生态监管，控制新的人为土壤侵蚀；发展农村新能源，保护自然植被。

5.2.3 东南区

东南区内无大型矿区分布，其开发力度相对较弱。该区的生态功能在"井"字形格局中最为多样，且分布较为破碎；其生态功能为洪水调蓄、水源涵养、土壤保持、农产品和林产品提供及大都市群人居保障。

该区北部是长江和淮河水系诸多中小型河流的发源地及水源涵养区，也是淮河中游、长江下游的重要水源补给区，南部是湘江、赣江、北江、西江等的重要源头区。其中部分煤炭资源分布及开发区位于洞庭湖、鄱阳湖及安徽沿长江下游洪水调蓄重要区，区内地势低洼，湖泊众多，洲滩及湿地植物发育。

自然环境特征：位于江南丘陵区；气候类型为亚热带季风气候，降水量 $500 \sim 2600$ mm；人均水资源量 $1195 \sim 5596$ m^3，水资源紧缺隶属度小于 0.35；人口密度 $195 \sim 767$ 人/km^2，植被覆盖度好，生物多样性好，生态环境质量指数 $53 \sim 93$，生态环境状况良-优。

该区的主要生态问题：水土流失，围垦和泥沙淤积致湖泊容积减小，蓄洪与泄洪能力、涵养水源和土壤保持功能下降，洪涝灾害频繁；湖泊湿地养殖强度过大，湿地生态系统的功能遭破坏，栖息地破碎化，生物多样性丧失严重，水禽等重要物种的生境受到威胁；老矿区沉陷区积水，致使耕地功能降低或完全退化；城镇规模化发展，忽略了其生态功能。

生态保护主要措施：严格禁止围垦，积极退田还湖，增加调蓄量；发展生态水产养殖，控制水土流失；以湿地生物多样性保护为核心，加强区内湿地自然保护区的建设与管理，对湖区污染物的排放实施总量控制和达标排放；提高森林水源涵养能力，保护生物多样性，逐步恢复和改善生态系统服务功能；加大老矿区的环境综合整治及生态修复；加强城乡环境综合整治，建设生态城市。

5.2.4　蒙东区

蒙东区地处温带-寒温带气候区，气候较干燥，多大风，沙漠化敏感性程度较高。其生态功能相对单一，是呼伦贝尔草原草甸防风固沙重要区。

自然环境特征：位于内蒙古高原东部、呼伦贝尔高原区；气候类型为温带大陆性气候，降水量 50~500 mm；人均水资源量 1563 m³，水资源紧缺隶属度小于 0.5；人口密度 21 人/km²，植被覆盖度一般，生物多样性一般，生态环境质量指数 36~48，生态环境状况一般。

该区目前存在的主要生态问题：草地资源过度、不合理开发利用带来草原生态系统的严重退化，生态系统脆弱，表现为土壤质地粗疏、草地群落结构简单化、物种成分减少、土地沙化面积大、鼠虫害频发。

主要保护及修复措施：停止一切导致生态功能继续退化的人为破坏活动；加强退化草地恢复重建的力度及优质人工草场建设，划区轮牧、退牧、禁牧和季节性休牧；对人口已超出生态承载力的地方实施生态移民，改变粗放的牧业生产经营方式，走生态经济型发展道路；加大煤炭资源开发活动后的生态恢复力度。

5.2.5　晋陕蒙（西）宁区

晋陕蒙（西）宁区位于鄂尔多斯高原南缘及陕北黄土高原区，属内陆半湿润、半干旱气候，地带性植被类型为森林草原及沙生草原，具有土壤侵蚀和土地沙漠化敏感性程度高的特点。其主要生态环境功能分区为毛乌素沙地防风固沙重要区及黄土高原丘陵沟壑区土壤保持重要区。

自然环境特征：位于鄂尔多斯高原、黄土高原区；气候类型为温带季风气候，降水量 50~900 mm；人均水资源量 135~1563 m³，水资源紧缺隶属度大于 0.5；人口密度 21~229 人/km²，植被覆盖度低——一般，生物物种较少，生态环境质量指数 25~40，生态环境状况较差——一般。

本区主要生态问题：过度开垦和油、气、煤资源开发带来植被覆盖度低和生态系统保持水土功能弱、草地生态系统功能退化等生态问题，表现为草地生物量和生产力下降、土地沙化程度加重，坡面土壤侵蚀和沟道侵蚀严重，侵蚀产沙淤积河道与水库，严重影响黄河中下游生态安全。

生态保护主要措施：控制开发强度，以小流域为单元综合治理水土流失；加大资源开发的监管，控制地下水过度利用，防止地下水污染；建立以"带、片、网"相结合为主的防风沙体系及农田防护体系；加强对流动沙丘的固定；在黄土高原丘陵沟壑区实施退耕还灌、还草、还林；推行节水灌溉新技术，对退化严重草场实施禁牧、轮牧，实行舍饲养殖；在油、气、煤资源开发的收益中确定一定比例，加快资源开发后的生态修复及保护、促进城镇化，构建生态廊道和生态网络。

5.2.6 西南区

西南区主要生态功能为生物多样性保护、土壤保持、水源涵养及农、林产品提供。

自然环境特征：位于云贵高原区；气候类型为温带季风气候，降水量500～1800 mm；人均水资源量1600～3460 m^3，水资源紧缺隶属度小于0.5；人口密度117～350 人/km^2，植被覆盖度中等–好，生物多样性一般–好，生态环境质量指数51～81，生态环境状况一般–优。

本区大部分煤炭资源分布于川、滇及桂西南生物多样保护重要功能区，地带性植被有热带季雨林，生物多样性比较丰富。主要生态问题是自然资源不合理的开发利用导致土壤侵蚀严重，生物资源受到严重破坏，生物多样性降低。此外，煤炭资源还分布于西南喀斯特、川滇干热河谷土壤保持重要区内，生态系统脆弱，土壤侵蚀敏感性程度高，植被覆盖度低、水土流失严重、石漠化面积大、生态退化问题突出。其他煤炭资源分布在鄂西南及武陵山常绿阔叶林水源涵养区。该区域山高、坡陡、降雨强度大，是三峡水库水环境保护的重要区域；森林植被破坏较严重，水源涵养能力下降，点、面源污染影响水环境安全，土壤侵蚀量和入库泥沙量增大，地质灾害频发。

生态保护措施：严格保护基本农田，加大自然保护区监管及保护，禁止乱砍、乱挖，保护野生动植物资源；对生态退化区实施封山育林，恢复天然植被；停止导致生态继续退化的开发活动和其他人为破坏活动，保护现存植被；改进中、轻度石漠化地区种植制度和农艺措施；对人口超过生态承载力的区域实施生态移民；改变粗放生产经营方式，降低人口对土地的依赖性；加快城镇化进程和生态搬迁的环境管理，优化乔、灌、草植被结构和库岸防护林带建设，加强地质灾害防治力度；在三峡水电收益中确定一定比例用于促进城镇化和生态保护。

5.2.7 北疆区

北疆区主要生态功能分区为准噶尔盆地防风固沙区及长江源高寒草甸水源涵养区。

自然环境特征：位于天山北麓、准噶尔盆地；气候类型为温带大陆性气候，降水量25～800 mm；人均水资源量3516 m^3，水资源紧缺隶属度大于0.5；人口密度13 人/km^2，生态环境条件恶劣，生态环境质量指数20，生态环境状况差。

主要生态问题：过度放牧、草原开垦、水资源严重短缺与水资源过度开发导致植被退化、土地沙化、沙尘暴；人口增加和不合理的生产经营活动加速了生态的恶化，表现为草地退化、局部地区出现土地荒漠化、水源涵养和生物多样性维护功能下降，影响长江和黄河流域旱涝灾害的发生，威胁生态安全。

主要生态保护措施：严格控制放牧和草原生物资源的利用，禁止开垦草原，加强植被恢复和保护；大力发展草业，减少载畜量，禁止发展高耗水产业；在出现江河断流的流域禁止新建引水和蓄水工程，合理利用水资源，保障生态用水；保护沙区湿地，实施生态移民。

5.2.8　南疆-甘青区

南疆-甘青区主要生态功能为阿尔金山高寒荒漠草原生物多样性保护、东祁连山高寒草甸水源涵养及陇中-宁中荒漠草原防风固沙。

自然环境特征：位于天山南麓、塔里木盆地北部，柴达木盆地；气候类型为温带大陆性气候，降水量 25~800 mm；人均水资源量 795~16 110 m^3，水资源紧缺隶属度小于 0.5；人口密度 8~56 人/km^2，生态环境条件恶劣-较差，生态环境质量指数 20~31，生态环境状况差-较差。

该区气候极为干旱，地表植被稀少，保存着完整的高原自然生态系统，拥有许多极为珍贵的特有物种；土地沙漠化敏感程度极高，荒漠化加速，珍稀动植物的生存受到威胁；山地天然林和谷地胡杨林等植被破坏较严重，水源涵养功能下降；草地植被呈现不同程度的退化，并导致土壤侵蚀加剧。

生态保护主要措施：加大天然林保护力度，保护生物多样性，确定禁牧期、禁牧区和轮牧期，低产田撂荒地应退耕还草；对已超出生态承载力的区域要实施生态移民，有效遏制生态退化趋势，减少人类活动干扰；加强流域综合规划，合理调配水资源；控制人工绿洲规模，加大矿产资源开发监管力度；加强油、气、煤资源开发利用管理，实现油、气、煤开发与荒漠生态保护的双赢。

5.2.9　西藏区

西藏区主要生态功能分区为三江水源涵养重要区及羌塘高寒荒漠草原生物多样性保护重要区。该区目前煤炭资源量甚少，尚无重要生产矿区分布。

自然环境特征：位于青藏高原区；气候类型为青藏高原高寒气候，降水量 150~4000 mm；人均水资源量 2860~139 660 m^3，水资源紧缺隶属度小于 0.35；人口密度 2~166 人/km^2，植被覆盖度一般-良，生态环境质量指数 35~60，生态环境状况一般-良。植被类型以草地为主。

该区海拔高，气候寒冷、干燥、多大风，土地沙漠化和冻融侵蚀敏感性程度高，具有生态破坏容易、恢复难的特点。主要生态问题是，过度放牧和受全球气候变暖影响出现的生态退化问题日趋凸显，表现为土地沙化面积扩大、草地生物量和生产力下降、局部地区出现土地荒漠化、水源涵养和生物多样性功能下降、高寒特有生物多样性面临严重威胁。

生态保护主要措施：停止一切导致生态继续退化的人为破坏活动；加大自然保护区建设与管理的力度；实施生态极脆弱区生态移民；草地退化严重、靠自然难以恢复原生态的地区，实施严格封禁措施，退牧还草，适度发展高寒草原牧业；加大对天然草地、湿地水源和生物多样性集中区的保护力度；有序推进游牧民定居和生态移民工作；加大资源开发的生态保护监管力度，限制新增矿山开发项目。

5.3　煤矿区生态环境现状

我国幅员辽阔，煤炭资源分布不均，不同煤炭资源赋存地域的经济发展不平衡，煤炭资源开发区域生态环境特征差异较大。我国煤炭工业在促进国民经济发展的同时也带来了一系列的生态环境问题，如空气、地表水、土壤的质量下降，生态系统的退化，生物多样性丧失，农作物减产等。我国煤炭资源开发与生态环境具有以下 3 个方面的矛盾（中国环境与发展国际合作委员会，2009；濮洪九，2010）。

一是高强度煤矿开发与煤矿区人多地少的矛盾。目前我国相当一部分煤矿集中分布在华北和华东的部分省份，该地区多为平原地貌，城乡经济发达，城市、工厂与居民点密布，是全国人口密度最大、人均耕地面积较少的地区。煤炭开采破坏土地严重（开采万吨原煤破坏土地 0.27 hm²），造成大面积的土地塌陷，严重破坏和扰乱了当地的社会经济秩序，加剧矿乡矛盾。

二是煤炭资源储量丰富区与生态环境脆弱性的矛盾。煤炭资源富集地区生态脆弱。我国近 90%的煤炭资源分布在大陆性干旱、半干旱气候带。这一地区水土流失和土地荒漠化十分严重，泥石流、滑坡等地质灾害频繁，植被覆盖率低，生态环境十分脆弱，已经不可避免地成为这一地区煤炭资源开发的重要制约因素。主要包括山西、内蒙古、河南、陕西、甘肃、宁夏、青海 7 省（自治区），占查明资源储量的 70%以上；是我国主要煤炭产区，其中特大型煤炭基地有 5 个，大型煤炭生产基地有 7 个。高强度的煤炭生产，使该区面临着水土流失加剧、土地沙漠化蔓延、风沙灾害频繁等一系列生态环境问题。据统计，该区土壤侵蚀模数一般在 5000~18 800t/（km·a）。

三是煤质差、污染重与开发分散的矛盾。我国广大南方地区如湖南、江西煤炭资源较少（储量不到全国的 0.5%），煤质较差（含硫一般在 3%~4%）。但由于当地经济迅速发展的需要，煤炭需求量大，开发了很多小煤矿。高硫煤燃烧产生的 SO_2 是这些地区酸雨的重要来源，严重污染环境。

煤炭资源开发还造成土地破坏与占用、水体污染与水文地质条件改变、瓦斯排放、煤矸石自燃等严重的环境问题，加剧当地生态环境的恶化。

我国主要大型煤炭基地的环境现状不容乐观，大都面临严峻的环境压力（表5-1）。除云贵大型煤炭基地以外，我国 12 个煤炭基地（未含新疆煤炭基地）的综合环境容量较小，主要与我国煤炭生产区域脆弱的生态环境和自然条件有关。煤炭资源分布的极度不均匀，各分布区差异显著的自然与社会经济环境条件，将通过不同形式，如开采条件、开采方法、强度、利用方式等，制约煤炭资源的可持续开发。从未来煤炭资源开发战略来看，西部煤炭资源开发前景广阔，但脆弱的生态环境基底及工业发展造成的进一步的环境恶化，将成为西部煤炭资源可持续开发利用的瓶颈，煤炭资源保障面临突出的生态环境约束。

表 5-1　大型煤炭基地国家规划矿区生态环境现状

煤炭基地	规划煤矿区	主要地质环境问题现状/严重程度			水文地质条件
		"三废"排放	地面塌陷、地裂缝	生态环境	
神东	东胜	一般	较严重	脆弱	简单
	神府新民	—	较严重	脆弱	简单
	准格尔	一般	一般	脆弱	简单
晋北	大同	严重	严重	脆弱	简单
	平朔朔南	一般	一般	脆弱	简单–中等
	河保偏	一般	较严重	一般	简单

水补给影响及与农田施肥入渗有关。

5.3.1.4　大气污染

铁法矿区现有大气污染源主要包括三部分：铁煤集团热电厂、各类供热锅炉、建材企业。2007 年工业废气排放总量为 480 353 万 m^3，SO_2 排放量为 2977.69 t，烟尘排放量为 2185.23 t。另有 4 座自燃矸石山。部分锅炉存在环保设备老化或除尘效率低下等现象，造成锅炉排烟不稳定或部分锅炉超标排放等现象。

矿区大气环境中，SO_2 和 NO_2 日均浓度与小时浓度满足标准要求；PM_{10} 日平均浓度存在不同程度超标；TSP 部分点存在不同程度超标。超标原因与矿区锅炉燃煤排烟、周边居民生活燃料和城市周边小锅炉排烟有关，此外矸石山自燃也是其超标原因之一。

5.3.1.5　水土流失和土地荒漠化

铁法矿区 2008 年与 1998 年两期遥感图像对比，2008 年矿区土壤侵蚀比 1998 年情况严峻，土壤侵蚀程度向重度和极强度发展。11 年间，重度侵蚀面积新增 84 500.01 万 m^2，极强度侵蚀面积新增 42 250.01 万 m^2。东南部山区大部分土壤由无明显侵蚀变为中度以上侵蚀；西南地区土壤侵蚀呈现为零星状加重，但康北煤田北部邻近内蒙古的地区，由原来的极强度侵蚀已改善为中度侵蚀，当地政府的沙漠化控制已在局部初见成效。

5.3.2　黄淮海区

黄淮海区重要矿区有开滦、峰峰、兖州、新汶、枣庄、平顶山、郑州、永夏、徐州、淮北、淮南等，开采历史悠久，是对国民经济发展做出了重大贡献的老矿区。选择淮南潘谢矿区说明黄淮海区生态环境现状。潘谢矿区规划矿井 19 对。

5.3.2.1　土地破坏

潘谢矿区土地塌陷表现为下沉盆地。部分地区会出现常年积水，积水面积占沉陷面积 30% 左右，最大积水深度可达 16m。受影响土地主要为耕地。

潘谢矿区土地占压主要为矸石山对耕地的占用。

5.3.2.2　植被破坏

潘谢矿区对植被的破坏主要表现为耕地减少，地表植被覆盖受影响。

5.3.2.3　水体污染和破坏

（1）地表水

部分矿井存在生活污水未经处理的情况，矿井水基本经过处理后排放。

矿区中泥河水体水质已不能满足 Ⅳ 类水体功能要求。泥河水质污染主要是污水排放所致。

（2）地下水

潘谢矿区开采引起的导水裂隙带高度不会对松散层含水层产生影响。

矿区中地下水水质指标中除细菌总数和总大肠菌群不能满足标准要求外，其余指标符合标准要求。

5.3.2.4 大气污染

潘谢矿区大气污染主要表现在煤场、矸石场扬尘污染。锅炉房均进行脱硫除尘处置，对大气环境影响较小。

矿区内环境空气质量较好，除 TSP 日均浓度在部分监测点超标外，其余指标均符合标准要求。

5.3.2.5 水土流失和土地荒漠化

潘谢矿区的开发对水土流失的影响较小，不会出现土地荒漠化现象。

5.3.3 蒙东区

蒙东区是我国最重要的褐煤分布区，主要成煤期为早白垩世，重要矿区有平庄、霍林河、伊敏及胜利、白音华等。选择锡林郭勒的巴彦宝力格矿区说明蒙东区生态环境现状。巴彦宝力格矿区为整装矿区，规划 3 对矿井，3 个勘查区。

5.3.3.1 土地破坏

巴彦宝力格矿区预计最大下沉深度 35.92 m，每采万吨煤塌陷土地面积为 9.12 hm^2，开采后会形成明显的下沉盆地，地表将会出现不同程度的积水。

工业场地及道路等共占地 204.6 hm^2，主要占用草地。

5.3.3.2 植被破坏

根据预测，矿区开发会导致草地退化，盖度降低，部分地区会转化为裸沙地。

5.3.3.3 水体污染和破坏

（1）地表水

矿区规划污废水全部综合利用，不外排，因此对地表水体影响较小。

矿区内无常年有水的地表河流。

（2）地下水

开采基本不会导通第四系孔隙潜水含水层，但在矿区中部埋藏较浅地区，可能会存在局部导通的区域。矿区所在区域地下水中矿化度、总硬度、氟化物、铁、锰、溶解性总固体、高锰酸盐指数、氨氮等指标均超出标准要求，其他指标符合标准要求。矿化度、总硬度、氟化物、铁、锰、溶解性总固体超标与地质背景有关，而高锰酸盐指数超标与当地居民对水井管理不善有关。

5.3.3.4　大气污染

每个规划矿井配锅炉房一座,配备脱硫除尘措施,锅炉房对大气环境影响较小。煤炭存、储、采用全封闭筒仓等,外运采用铁路运输,扬尘污染较小。煤矸石堆存采取覆土、绿化、洒水措施,扬尘污染较小。

根据矿区大气环境监测结果,TSP 日均浓度有 1 个点超标,PM_{10} 日均浓度有 2 个点存在超标现象,超标是由于矿区所处地区干旱风大及局部人为活动所致;SO_2 和 NO_2 日均浓度与小时浓度满足标准要求。矿区所在区域环境空气质量较好,基本不存在工业污染源,仅有零星分布的几户牧民。

5.3.3.5　水土流失和土地荒漠化

类比调查表明,矿区开发后,土壤侵蚀较开采前可能会增加 2 ~ 4 倍,导致微度侵蚀区转变为轻度或中度侵蚀区,极强度侵蚀区将从 3.19% 增加到 23.68%。

区域塌陷扰动的 259.02 km² 草地中,可能转化为沙地的面积为 43.18 km²。

5.3.4　晋陕蒙（西）宁区

晋陕蒙（西）宁区位于鄂尔多斯高原南缘及陕北黄土高原区,主要矿区有大同、阳泉、西山、潞安、晋城、神木、铜川、韩城、东胜、准格尔、灵武、石炭井、华庭等,均为产量大、生产潜力大、具有良好发展前景的矿区。选择神府-东胜矿区（神东矿区）说明晋陕蒙（西）宁区生态环境现状。

5.3.4.1　土地破坏

矿区自 1987 年开发以来,已经形成沉陷面积 170.32 km²,其中已治理沉陷面积占沉陷总面积的 80% 以上。神东公司和当地政府采取了土地复垦、搬迁补偿等一系列措施缓解这一问题,取得了一定成果。

截至 2007 年年底,全矿区共建成 10 座排矸场,占地面积为 59.65hm²。

5.3.4.2　植被破坏

从植被覆盖度看,1986 ~ 2005 年,中覆盖度和低覆盖度面积增加,中高覆盖度和高覆盖度面积减少,局部植被覆盖度降低;但从矿区总体看,植被覆盖度增大面积是减少面积的近 9 倍,说明矿井建设破坏植被的同时也相应地在其他区域植树种草、补偿植被。矿区植被覆盖度增加是植被覆盖度变化的总趋势。

5.3.4.3　水体污染和破坏

（1）地表水

2007 年,矿区矿井涌水量为 2206.60 万 m³,利用量为 1377.98 万 m³,排放量为 828.62 万 m³;电厂废水排放量为 483.92 万 m³;生活污水排放量为 202.09 万 m³。可见，矿井水在废水中所占比例较大，为主要的水污染源。但水质污染类型简单，污染物成分少，主要污染因子为 SS（悬浮物）。根据监测，地表水体中除 pH、DO 浓度降低外，其余各水质参数的浓度增大；除石油类和挥发酚超标外，其余均满足水质标准要求。

乌兰木伦河及其与陕西交汇处 4 个监测断面 COD 监测指标均超标，最大超标倍数为 0.515；BOD 在乌兰木伦河入矿区前 500m 监测断面监测期内超标，超标倍数为 0.2；乌兰木伦河至陕西交界处氟化物超标，超标倍数为 0.39~0.55。活鸡兔沟与乌兰木伦河交汇处下游 1000m 石油类监测指标超标，超标倍数 0.46。朱盖沟与乌兰木伦河交汇处下游 4000m 监测期内氨氮、BOD、石油类均超标，超标倍数分别为 0.45、0.17、0.34。窟野河监测断面上氨氮、BOD、TP、石油类均超标，超标倍数分别为 0.94~1.396、0.33~0.44、1.5~1.85、1.06~1.74；悖牛川 1 个监测断面监测期内仅 BOD 监测指标超标，超标倍数为 0.17，表明窟野河现状水质有一定程度的污染。

（2）地下水

神东矿区目前矿井水年排放量在 800 万 m^3 左右。大量地下水的涌出在局部范围造成地下水疏干，地下水位下降，局部地裂缝，地表塌陷面积增大，地下水渗漏或流向改变；导致农用机井报废，给农业用水和周边村庄生活用水造成不便。

据调查，该矿区的大柳塔矿区周围年产煤 3000 万 t 以上，几年来地下水位下降 0.61m，致使附近 0.267 万 hm^2 杨树出现严重枯梢，有 2.67 万 hm^2 灌木生长衰退；同时地表塌陷面积累积已达 17063 hm^2，加剧了地下水的渗漏和流向改变，造成许多沟岔泉水水量减少，甚至断流，也给周边群众生产和生活用水造成了不同程度的影响。

神东矿区地下水环境质量监测指标除细菌总数和粪大肠菌群有个别监测点超标外，其硫酸盐、氟化物、砷等 11 个监测指标监测期内全部符合《地下水环境质量标准》中Ⅲ类水质标准，评价区地下水环境质量良好。

5.3.4.4　大气污染

神东矿区 2007 年废气排放总量约为 2735884 万 m^3，全部经过消烟除尘。烟尘排放量 608.82 t/a；SO_2 排放量 3057.62 t/a。

矿区内 NO_2、SO_2 小时浓度和日均浓度均满足标准要求。所有监测点日均 TSP 浓度值均有不同程度的超标。TSP 超标原因与本区植被覆盖度低、气候干燥、风沙大有关。

5.3.4.5　水土流失和土地荒漠化

1986~2005 年，由于退耕还林等生态环境治理工程的实施，植被覆盖度明显增大，因此，评价区的沙质荒漠化程度出现了明显逆转，表现为强度、中度与轻度沙质荒漠化土地面积减少，非沙漠化面积增大。

1986~2006 年，矿区共建成矿井 27 座；2007~2010 年，在建矿井和新建矿井共 12 座；2010 年后仅有 2 座矿井新建，开发矿井数比 1986~2006 年的数量少，但持续时间较短。类比 1986~2005 年荒漠化解译变化认为，在开发强度大的时段，局部地段荒漠化变化趋势可能会增强，但随着后期开发强度的变小、矿区沉陷土地的整治以及生态环境建设，在加大建设投入的前提下，矿区荒漠化趋势会得到遏制甚至趋于好转。

5.3.5 北疆区

北疆区主要矿区有乌鲁木齐、哈密、艾维尔沟等，均为产量大、生产潜力大、具有良好发展前景的矿区。选择新疆伊犁伊宁矿区说明西部煤炭区生态环境现状。伊宁矿区共规划了 3 个井（矿）田，2 个规划勘探区，1 个中小型煤矿开采区。

5.3.5.1 土地破坏

皮里青煤矿进行露天开采时，形成了长 800 m、宽 400 m、深 130 m 的露天采坑，未进行生态恢复。

目前，在伊北矿区和伊南矿区范围内的老煤矿遗留下的土地塌陷以大小不等的塌陷坑为主，基本呈现圆形漏斗状，在丘陵区也出现裂缝和山体滑坡，均未进行恢复，已经对区域景观和畜牧业造成了影响。

矿区开发中预计占用草地 1450 hm^2，农田 65 hm^2。

5.3.5.2 植被破坏

矿区范围内 95% 以上的草原有过度放牧现象，65% 以上的草场均已严重过度放牧。这些区域的野生动植物种类和数量明显减少，而影响农、牧业生产和生态环境的野生动植物滋生，鼠灾、草原退化、荒漠化加剧。

5.3.5.3 水体污染和破坏

（1）地表水

目前，矿区内沿皮里青河、阿尔玛勒沟已开采的矿井将煤矸石、生活垃圾就近堆放在河边，严重污染水质；矿坑排水、生活污水随意漫流，没有集中收集也没有进行处理和回用，最终流入皮里青河、阿尔玛勒沟地表水体中，造成该地表水体的水质污染。

扎格斯台河各监测指标均符合标准要求，水质较好。阿尔玛勒河除挥发酚、硫酸盐超标外，其他指标符合标准要求，说明阿尔玛勒河水质已受到污染。皮里青河除 TP 有超标外，其余指标符合标准要求。铁厂沟河 COD、挥发酚、粪大肠菌群均有超标现象。

（2）地下水

煤矿开采会降低区域地下水位，减少径流量。

矿区内地下水除团结公路处铁离子有超标现象外，其他指标均符合标准要求。

5.3.5.4 大气污染

矿区产生的矸石均未进行处理，就近堆放在矿区周边或河道内，引发的二次扬尘对环境空气产生了影响。部分锅炉存在环保设备老化或除尘效率低下等现象，造成锅炉排烟不稳定或部分锅炉超标排放等现象。

矿区内环境空气各项监测指标均符合标准要求，环境空气质量较好。

5.3.5.5　水土流失和土地荒漠化

地表由于过度放牧和煤矿开采，植被破坏严重，使矿区水土流失现象日趋加剧。另外，矿区规划范围内已开采部分露天矿井的开采面未进行生态恢复，排土场未进行治理，也加剧了水土流失。

5.4　煤炭资源开发的生态环境约束

5.4.1　煤炭资源开发环境容量的指标体系

煤炭开采对生态环境有着广泛而深刻的影响。为了保持产煤地区生态环境能够满足人类社会可持续发展的需要，在加大矿区生态环境治理的同时，要把煤炭开采引发的破坏限制在生态环境可承载的程度之内。

当前，煤炭开采对生态环境的影响主要表现为地表沉陷、水资源破坏、煤矸石堆积、水土流失、植被破坏、湿地缩减、大气和水环境污染等。对于采煤造成的环境污染问题，可通过加大环境治理的技术投入与资金投入、政策的激励和约束得到有效解决。从长远发展看，环境污染因素对一定区域的煤炭开采构成了弱约束。对于采煤造成的生态破坏，从产生机理上分析，是由于采煤过程中地表塌陷、地表水流失、地下含水层疏干，破坏了矿区原有的水土条件，致使矿区各种林木、草灌生长受到严重影响，矿区植被覆盖率逐年下降，进而导致矿区整个生态系统的恶化。另外，我国煤炭资源分布与能源消费需求、生态环境容量呈逆向分布。随着我国煤炭开采重心的北进西移，生态环境条件在很大程度上制约着煤炭资源的开发。

根据煤炭资源开发对生态环境的影响特点及资源环境特点，将煤炭开采的生态环境约束界定在土地资源、水资源、煤矸石、人口搬迁、生态现状、煤炭资源6个主因素上，并从可持续发展的角度提出了煤炭资源开发的环境容量的指标体系，具体见表5-2。

表5-2　煤炭资源开发的环境容量的指标体系

目标层	准则层	指标层	指标意义
煤炭资源开发的环境容量	土地资源	万吨煤土地沉陷面积/hm²	煤炭开采对土地资源的破坏量
		人均可利用土地资源指数	区域土地资源的丰富程度
		人均耕地面积/hm²	区域耕地资源的丰富程度
	水资源	矿井水排放量/万 m³	煤炭开采对水资源的破坏量
		人均水资源量/m³	区域水资源的丰富程度
		水资源利用率	区域水资源的利用程度
	煤矸石	吨煤煤矸石产生量/t	每开采1t煤产生的煤矸石量
		煤矸石占地制约性	定性：煤矸石处置占用耕地，制约性较大；不占耕地，制约性较小
	人口搬迁	万吨煤搬迁人口量/人	人口搬迁与采煤的约束关系
	生态现状	生态环境质量指数（EQI）	生态环境对采煤的制约因素
	煤炭资源	储采比/年	煤炭资源可持续开采的指标
		人均煤炭资源占有量/t	反映区域煤炭资源分布

5.4.2　评价指标体系的标准化

标准化的方法主要有标准位评分法和极差变换法两种，本书的标准化方法采用极差变换法（胡秉民等，1992；焦立新，1999；李美娟等，2004），同时为了符合综合评价法的判定标准，将指标标准值区间由原来的［0，1］换成［0，100］。在不能获得指标的上限值和下限值时，采用叠图法直接赋予分值。

指标分值及标准化表达式见表 5-3。

表 5-3　指标分值及标准化表达式

指标名称	指标分值		标准化表达式	备注
	x_{min}	x_{max}		
万吨煤土地沉陷面积/hm²	0.08	0.50	$\mu(x) = \begin{cases} 0, & x \geqslant 0.5 \\ \dfrac{0.5-x}{0.5-0.08} \times 100, & 0.08 < x < 0.5 \\ 100, & x \leqslant 0.08 \end{cases}$	参考王宏英等（2011）的文章
人均可利用土地资源指数	采用叠图法直接取值［叠加《全国主体功能区规划》附件 3 中的图 2（人均可利用土地资源评价图）］：丰富（90）、较丰富（70）、一般（50）、较缺乏（30）、缺乏（10）			参考《全国主体功能区规划》
人均耕地面积/hm²	0.06	0.29	$\mu(x) = \begin{cases} 0, & x \leqslant 0.06 \\ \dfrac{x-0.06}{0.29-0.06} \times 100, & 0.06 < x < 0.29 \\ 100, & x \geqslant 0.29 \end{cases}$	统计年鉴数据（国家统计局，2010a）
矿井水排放量/万 m³	504	35 529.5	$\mu(x) = \begin{cases} 0, & x \geqslant 35\ 529.5 \\ \dfrac{35\ 529.5-x}{35\ 529.5-504} \times 100, & 504 < x < 35\ 529.5 \\ 100, & x \leqslant 504 \end{cases}$	以山西每开采 1t 煤破坏水资源 2.48 m³ 为基准，确定其他各区的水资源破坏量
人均水资源量/m³	270.65	16 113.59	$\mu(x) = \begin{cases} 0, & x \leqslant 270.65 \\ \dfrac{x-270.65}{16\ 113.59-270.65} \times 100, & 270.65 < x < 16\ 113.59 \\ 100, & x \geqslant 16\ 113.59 \end{cases}$	统计年鉴数据（国家统计局，2010a）
水资源利用率	0.03	0.4	$\mu(x) = \begin{cases} 0, & x \geqslant 0.4 \\ \dfrac{0.4-x}{0.4-0.03} \times 100, & 0.03 < x < 0.4 \\ 100, & x \leqslant 0.03 \end{cases}$	有关专家认为，区域水资源利用率最高应不超过 40%，这样有利于维持区域生态环境的用水量（王建先，2002）
吨煤煤矸石产生量/t	0.07	0.28	$\mu(x) = \begin{cases} 0, & x \geqslant 0.28 \\ \dfrac{0.28-x}{0.28-0.07} \times 100, & 0.07 < x < 0.28 \\ 100, & x \leqslant 0.07 \end{cases}$	《煤炭工业发展"十一五"规划重大课题研究报告》
煤矸石占地制约性	依据定性评价结果，直接赋予分值			

指标名称	指标分值		标准化表达式	备注
	x_{min}	x_{max}		
万吨煤搬迁人口量/人	0.06	3.62	$\mu(x)=\begin{cases}0, & x\geqslant3.62\\ \dfrac{3.62-x}{3.62-0.06}\times100, & 0.06<x<3.62\\ 100, & x\leqslant0.06\end{cases}$	以淮南、淮北地区每开采1万t煤搬迁2人为基准，考虑区域人口密度
生态环境质量指数	20.03	75.55	$\mu(x)=\begin{cases}0, & x\leqslant20.03\\ \dfrac{x-20.03}{75.55-20.03}\times100, & 20.03<x<75.55\\ 100, & x\geqslant75.55\end{cases}$	《中国生态环境质量评价研究》
储采比/年	38.09	295.46	$\mu(x)=\begin{cases}0, & x\leqslant38.09\\ \dfrac{x-38.09}{295.46-38.09}\times100, & 38.09<x<295.46\\ 100, & x\geqslant295.46\end{cases}$	统计年鉴数据（国家统计局，2010a）
人均煤炭资源占有量/t	26.98	3 127.54	$\mu(x)=\begin{cases}0, & x\leqslant26.98\\ \dfrac{x-26.98}{3\,127.54-26.98}\times100, & 26.98<x<3\,127.54\\ 100, & x\geqslant3\,127.54\end{cases}$	统计年鉴数据（国家统计局，2010a）

注：由于西藏区目前的煤炭资源开采程度很低，缺少相关数据，因此本次未计算其分值。

指标权重的确定采用层次分析法。本书通过问卷方式由专家对各个指标进行权重分配，结合层次分析法的数学模型和计算步骤，得出各指标在评价体系中的权重，其结果见表5-4。

表 5-4 评价指标在评价体系中的权重

目标层	准则层		指标层		总权重
	名称	权重	名称	权重	
煤炭资源开发的环境容量	土地资源	0.23	万吨煤土地沉陷面积	0.19	0.044
			人均可利用土地资源指数	0.27	0.062
			人均耕地面积	0.54	0.124
	水资源	0.22	矿井水排放量	0.24	0.053
			人均水资源量	0.37	0.081
			水资源利用率	0.39	0.086
	煤矸石	0.05	吨煤煤矸石产生量	0.30	0.015
			煤矸石占地制约性	0.70	0.035
	人口搬迁	0.13	万吨煤搬迁人口量	1	0.130
	生态现状	0.15	生态环境质量指数	1	0.150
	煤炭资源	0.22	储采比	0.52	0.114
			人均煤炭资源占有量	0.48	0.106

5.4.3 煤炭资源开发区域环境容量分析

通过所确定的评价指标的权重和标准化分值，计算得到"井"字形区划煤炭资源开发的环境容量，见表5-5。从准则层指标分析看，指标权重大小为：土地资源>煤炭资源=水资源>生态现状>人口搬迁>煤矸石。

表 5-5　煤炭资源开发的环境容量计算结果

不同区划分值

目标层	准则层	指标层	东北		黄淮海		东南		蒙东		晋陕蒙(西)宁		西南		北疆		南疆-甘青	
		分值	指标层	准则层	指标层	准则层	指标层	准则层	指标层	准则层	指标层	准则层	指标层	准则层	指标层	准则层	指标层	准则层
环境容量	土地资源	万吨煤土地沉陷面积	0.00	11.96	1.05	3.22	1.05	3.64	4.40	19.55	2.72	10.71	1.47	6.74	4.19	14.84	4.19	9.25
		人均可利用土地资源指数	4.34		2.17		2.17		2.79		3.41		2.48		3.72		3.10	
		人均耕地面积	7.62		0.00		0.42		12.36		4.58		2.79		6.93		1.96	
	水资源	矿井水排放量	3.65	4.21	0.00	0.00	2.83	7.15	0.43	1.09	2.37	2.52	2.51	9.81	4.27	5.93	5.30	21.51
		人均水资源量	0.56		0.00		1.06		0.66		0.15		1.18		1.66		8.10	
		水资源利用率	0.00		0.00		3.25		0.00		0.00		6.12		0.00		8.11	
	煤矸石	吨煤煤矸石产生量	0.23	0.93	0.22	0.57	0.30	1.17	0.24	2.34	0.27	2.02	0.00	1.75	1.50	3.95	1.30	3.75
		煤矸石占地制约性	0.70		0.35		0.88		2.10		1.75		1.75		2.45		2.45	
	人口搬迁	万吨煤搬迁人口量	10.22	10.22	7.69	7.69	7.18	7.18	12.86	12.86	10.70	10.70	9.66	9.66	12.99	12.99	12.67	12.67
	生态现状	生态环境质量指数	9.18	9.18	0.00	0.00	15.00	15.00	4.39	4.39	3.10	3.10	11.74	11.74	0.00	0.00	1.51	1.51
	煤炭资源	储采比	0.91	1.19	1.59	1.71	0.00	0.00	7.45	18.05	3.75	8.85	1.89	2.38	11.40	13.63	8.48	9.39
		人均煤炭资源占有量	0.28		0.11		0.00		10.60		5.10		0.49		2.23		0.91	
目标层总分值			37.69		13.19		34.14		58.29		37.90		42.08		51.34		58.08	

从土地资源角度分析，八大区块中蒙东区、北疆区受影响的土地资源量少，东北区、晋陕蒙（西）宁区、南疆-甘青区受影响的土地资源量中等，其余煤炭分区受影响的土地资源量较大。

从煤炭资源的角度看，八大区块中蒙东区、北疆区、南疆-甘青区、晋陕蒙（西）宁区煤炭资源丰富，其余煤炭区煤炭资源缺乏。

从水资源的角度看，八大区块中南疆-甘青区水资源最为丰富，西南区、东南区、北疆区、东北区水资源量中等，晋陕蒙（西）宁区、蒙东区、黄淮海区水资源较为缺乏。

从生态环境现状看，八大区块中北疆区、南疆-甘青区、晋陕蒙（西）宁区受制约程度大，东北区、西南区、东南区受制约程度小。

综合来看，八大区块中，综合环境容量的大小为蒙东区>南疆-甘青区>北疆区>西南区>晋陕蒙（西）宁区>东北区>东南区>黄淮海区。我国煤炭资源时序性开发布局需要重视上述结论。

第6章

中国煤炭资源开发对社会经济发展的影响

6.1 中国经济发展总体格局

中国经济、社会发展水平并不均衡。如果根据"井"字形东部、中部和西部进行划分，我国东部经济、社会发达，中部经济中等，西部经济欠发达。2009 年，我国 GDP 为 365 303.7 亿元。东部、中部和西部地区 GDP 分别为 298 731.06 亿元、57 385.39 亿元和 9187.24 亿元，分别占全国 GDP 的 81.8%、15.7% 和 2.5%（国家统计局，2010a）（图 6-1）。东部地区人均 GDP 为 31 106.44 元；而中部人均 GDP 为 19 394.56元；西部地区人均 GDP 更低，仅为 16 344.94 元，相当于东部人均 GDP 的 52.5%（图 6-2）。

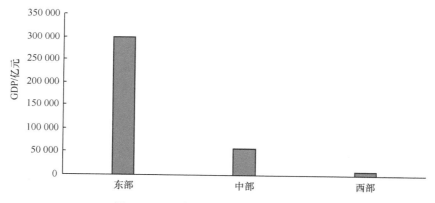

图 6-1　2009 年按区域划分的 GDP 情况

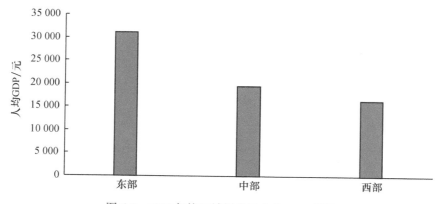

图 6-2　2009 年按区域划分的人均 GDP 情况

具体到地区来看（图 6-3），广东、江苏和山东的 GDP 位居全国前三甲，均超过 3 万亿元；其次为浙江、河南、河北、辽宁、上海等地，均超过 1.5 万亿元；宁夏、青海和西藏的 GDP 最低。

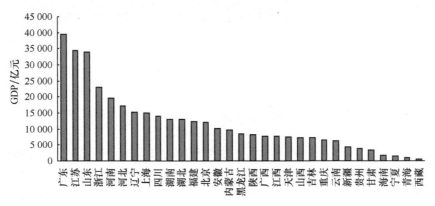

图 6-3　2009 年分地区 GDP 情况

煤炭是我国的主体能源，支撑了我国数十年来社会、经济迅速发展的能源需求。作为基础能源和化工原材料，煤炭产量、价格、运输能力的波动均可影响到下游发电、化工、化肥、钢铁和建材等行业的正常运营。2008 年、2009 年和 2010 年煤炭在国内能源消费总量中的比例分别为 70.3%、70.4% 和 68.6%（国家统计局，2010b，2011）。煤炭供应的稳定和可持续保障，已经成为确保国民经济正常运转，保障人民生活和社会生产的稳定运行，确保我国能源安全、社会经济安全以及政治稳定的关键力量。然而，我国煤炭资源分布与区域经济发展水平、消费需求极不适应（图 6-4）。从煤炭资源地理分布看，中部保有煤炭资源储量占全国的 76.5%，且集中分布在山西、陕西、内蒙古 3 个省（自治区）；东部只占全国的 10.5%，而东部的 GDP 占全国的 81.8%。如果从尚未利用资源量来看，上述趋势将更为凸显。经济和社会发展水平高、能耗大的东部地区尚未利用煤炭资源量仅为 1324.73 亿 t，约为全国保有尚未利用资源总量的 8.6%；中部地区尚未利用煤炭资源量为 12 288.38 亿 t，占全国的 79.7%；西部地区尚未利用煤炭资源量为 1802.41 亿 t，占全国的 11.7%。

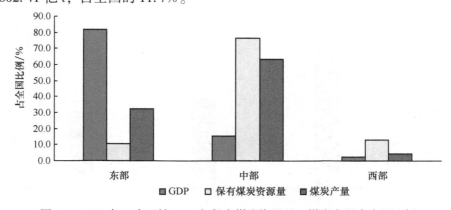

图 6-4　2009 年三大区域 GDP 与保有煤炭资源量、煤炭产量占全国比例

与资源分布相对应，我国煤炭的生产与供应基本在中、西部，调出地也主要集中在山西、陕西、内蒙古地区，而煤炭消费地则主要集中在东部沿海地区。这种"北多南少"、"西多东少"的煤炭资源分布格局，使得煤炭的生产和消费区域极不协调，煤炭资源保障能力受限。从各大行政区内部来看，煤炭资源分布也不平衡。例如，华东地区煤炭资源储量集中在安徽、山东，而工业主要集中在以上海为中心的长江三角洲地区；中南地区煤炭资源集中在河南，而工业主要集中在武汉和珠江三角洲地区；西南地区煤炭资源集中在贵州，而工业主要集中在四川；东北地区相对好一些，但也有一半左右的煤炭资源集中在北部黑龙江，而工业集中在辽宁。煤炭资源分布、开发与区域经济发展的不匹配决定了我国"西煤东运"、"北煤南运"的总体流向和以山西、陕西、内蒙古"三西"煤炭市场基地为核心，向东部和南部呈扇形分布的格局（崔君鸣和常毅军，2010）。

从目前煤炭资源开发产能分析，我国煤炭资源区划产能依次分布在晋陕蒙（西）宁区、黄淮海区、蒙东区、西南区、东北区、东南区、北疆区、南疆-甘青区和西藏区。2009 年全国各省（自治区、直辖市）煤炭产量情况见图 6-5。2009 年，山西原煤产量为 5.94 亿 t，内蒙古原煤产量为 6.01 亿 t，分别占全国原煤产量的 20.1% 和 20.4%；陕西和河南的原煤产量分别为 2.96 亿 t 和 2.30 亿 t，分别占全国原煤产量的 10.0% 和 7.8%；其他原煤产量超过亿吨的地区包括安徽、山东和贵州。根据东部、中部和西部进行划分，东北区、黄淮海区和东南区属于东部，蒙东区、晋陕蒙（西）宁区和西南区属于中部，北疆区、南疆-甘青区和西藏区属于西部。西部煤炭产量最小，仅为 1.28 亿 t；东部次之，为 9.51 亿 t。中部地区是目前最主要的煤炭资源开发区域，2009 年煤炭产量高达 18.72 亿 t，约占全国总量的 63.0%。

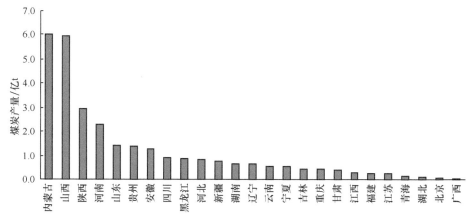

图 6-5　2009 年分地区原煤产量情况

资料来源：国家统计局，2010b

6.2　东部煤炭资源开发与区域经济发展

6.2.1　东北区

东北三省煤炭资源主要分布在黑龙江和辽宁局部地区。东北老工业基地煤炭资源开发已有较长的开采历史；目前，许多煤矿先后步入开采后期，煤炭资源开始枯竭，全区煤炭产量已呈下降趋势。本区主要矿区有阜新、抚顺、延边、蛟河等。

随着国家振兴东北老工业基地战略的实施，满足东北经济增长的能源需求不断扩大。2009年，辽宁、吉林和黑龙江的原煤产量分别为6624.2万t、4401.5万t和8748.7万t。但东北三省目前均为煤炭调入省，2009年辽宁、吉林和黑龙江的煤炭消费量分别为16 033万t、8589万t和11 050万t（国家煤矿安全监察局，2010）。

截至2009年年末，辽宁保有煤炭资源储量为84.6亿t，其中可采储量仅为18.71亿t。区域主要煤田靠近重工业发达的辽中南各城市，绝大部分煤田已有较长的开采历史。全省煤炭产量已经呈下降趋势。由于辽宁煤炭消费量不断增加，今后除进一步增加铁法、沈阳等矿区的产量和尽可能延长抚顺、阜新等老矿区的服务年限外，必将更多依靠内蒙古东部和关内（山西和河北）的供应。

吉林煤炭消耗量虽远小于辽宁，但其煤炭资源十分有限，除省内几个中小型矿区供给一部分外，其余越来越依靠其他地区调入。

2005~2009年，黑龙江的煤炭产量表现为先增长后下降的趋势，在2006年达到10 282.44万t的高点，之后逐步滑落至2009年的8748.72万t。所产煤炭基本在省内消化。

2007年和2008年，黑龙江煤炭行业分别实现总产值247.84亿元、377.01亿元，煤炭产业万元GDP贡献率分别为3.50%和4.78%。同期，该省的煤炭消费总量显著增加，供需缺口不断扩大。目前，煤炭在该省能源消费结构中的比例接近80%，成为支撑该省经济、社会平稳运行和健康发展的首要基础能源。

随着煤炭资源的枯竭，未来东北地区煤炭将越来越依靠内蒙古东部、华北地区、俄罗斯及蒙古国的调入来维持。

6.2.2 黄淮海区

黄淮海区煤炭开采历史较久，资源集中分布在河南、鲁西南、皖北、苏北毗邻地区。主要矿区有开滦、峰峰、新汶、枣庄、平顶山、郑州、徐州、淮北、淮南等。该地区煤田的共同特点是煤层埋藏深，大面积平原区表土层覆盖较厚，矿井建设成本高（因为人口稠密，矿区内村庄较多，搬迁成本高昂），采煤塌陷影响严重，多数已开采多年，开采条件渐趋困难。

本区经济较为活跃，是我国重要的能源消费区（邻近的东南区也是我国煤炭集中消费地）。2009年，仅山东和河南两省就分别消费煤炭34 795万t和24 445万t。因靠近我国煤炭集中消费区，交通便利，煤质较好，故本区大多数矿区已建设到最大规模（有许多大型矿井和千万吨以上的矿区），开发强度很大。2009年，本区主要煤炭产区所在省份河北、山东、安徽、江苏和河南的原煤产量分别为8494.6万t、14 377.7万t、12 848.6万t、2397.4万t和23 018.1万t。该地区虽然煤炭资源丰富，但由于开发时间长、开发强度大，目前大部分矿井已转入深部开采，开采深度多在500m以下，开滦、徐州、新汶已达1000m。值得说明的是，河南各煤田对于能源缺乏的中南地区十分重要，发展潜力较好的有平顶山、郑州等地煤田。目前，河南已有大型煤矿20余座，这些矿区的炼焦煤与动力煤除满足省内需要外，其余均南运中南各省份及华东。河南一些老煤矿，如焦作等，虽产量已处于递减状态，但其优质无烟煤仍在销往中南各省份。本区煤田地质工作较为细致，今后新发现大型、优质煤炭资源的概率较低，不少矿井已趋衰老，接续资源严重不足，全区存在着整体性的煤炭资源开发的接续问题。

（1）河北煤炭工业发展现状

煤炭在河北能源生产结构中始终占据绝对主导地位，约为全省一次能源生产总量的85%。受煤炭资源储量所限，2005~2009年，河北原煤产量为8100万~8700万t，没有显著变化；但2010年全年共完成煤炭产量10 199.27万t，同比增长20.06%，基本在省内消化。2008年和2009年，河北煤炭行业分别实现总产值730.81亿元和1098.55亿元，煤炭产业万元GDP贡献率分别为4.51%和6.45%。煤炭对全省GDP的贡献可间接通过钢铁、电力等高耗煤产业工业增加值对GDP的贡献率反映出来，多年来维持在13%~15%。河北是典型的能源消费大省，煤炭占全省能源消费总量的90%左右，高度集中在冶金、电力、建材、化工四大支柱产业。河北的煤炭产量远低于实际消费量，自给率仅为1/3，供应缺口由山西、内蒙古和山西等地调入煤炭弥补，其经济发展的能源需求过度依赖煤炭。

（2）山东煤炭工业发展现状

山东是全国主要产煤省份之一。到2009年已探明保有地质储量227.96亿t，其中可采储量34.26亿t。目前，该省煤炭储量、产量、消费量分别占全国的2.2%、4.6%和9.9%，煤炭供需矛盾日益突出。2008年和2009年，山东煤炭行业分别实现总产值1850.32亿元和1821.47亿元，煤炭产业万元GDP贡献率分别为6.05%和5.39%。作为经济大省，山东也是煤炭消费大省，连续多年能源消费总量位居全国第一，其中煤炭消费量占全国的9.9%。2009年，煤炭消费量占山东一次能源消费量的77.13%，远高于原油的21.27%，煤炭消费集中于电力、建材、化工化肥、装备制造、钢铁、石油冶炼、炼焦、纺织等高耗能行业。未来山东的煤炭供需缺口将日益凸显，需要从周边地区大量调入煤炭以支撑区域经济发展。

（3）河南煤炭工业发展现状

河南煤炭资源优势比较突出，煤炭产业发展成就辉煌，表现在煤炭产业结构日臻完善，基本形成了以煤为本、多元发展的产业布局。煤炭行业经济效益飞速增长，安全状况显著好转，产量和生产能力大幅提升。作为产煤大省，该省2009年煤炭产量居全国第四位，达到23 018.12万t。2007年和2008年，河南煤炭行业分别实现总产值1331.61亿元和1758.78亿元，煤炭产业万元GDP贡献率分别为8.84%和9.55%。作为国内人口大省，依托中原地带的突出区位优势，河南的经济发展已经驶入快车道，对能源的需求也随之显著增长。近年来，该省煤炭消费量明显增加，集中在有色金属冶炼、电力、建材、化工等支柱行业。2009年全省煤炭消费总量24 445万t，比上年增长2.4%，约占全省能源消费总量的90%，在该省能源消费结构中居于绝对主导地位。

（4）安徽煤炭工业发展现状

在东部省份中，安徽的煤炭资源优势相对突出，探明煤炭资源储量约占华东地区的

60%左右。目前，该省煤炭产量较大，连续 3 年保持在亿吨之上且呈平稳增长态势，煤炭产量和消费量基本维持平衡状态，所产煤炭多数在省内消化。近年来，安徽经济发展速度增长显著，特别是随着皖江规划的逐步实施，其在华东区的后发优势日益凸显，能源消费总量持续较快增长，煤炭消费集中在电力、建材、化工、钢铁、石油冶炼等支柱产业。2009 年，安徽煤炭消费量为 13 276 万 t，比上一年度增长 11.33%，占全省能源消费总量的 88%。因此，安徽经济、社会的健康发展严重依赖于煤炭的持续供给。

6.2.3 东南区

东南区煤炭资源严重匮乏，资源丰度很低，绝大部分资源只宜建设小型矿井，年产 30 万 t 及以上矿井少见，新发现大型矿藏的前景也并不乐观，主要矿区有涟邵、萍乡、丰城、龙永等。

本区经济发达，人口稠密，能源需求旺盛。但已有煤炭资源开发时间长，强度大。特别是 20 世纪 80 年代以来，国家采取"加大东部开发强度，东部掩护西部"的煤炭资源开发战略，东部地区煤炭资源长期处于超强度开采状态，许多矿区服务年限由原本设计的七八十年缩短到不足 40 年。有的矿井开采深度超过 1500m，成为全球最深的矿井，岩石温度高、瓦斯大，冲击地压严重。

本区煤炭产量规模均有限。2009 年湖南的产量达到 6572.9 万 t，江西煤炭产量始终维持在 3000 万 t 左右，福建产量低于 2500 万 t，湖北产量为 1000 万 t 左右。然而，本区域是我国经济发达地区和煤炭消费重心，如浙江、江苏和广东 2009 年的煤炭消费量分别为 13 276 万 t、21 003 万 t 和 13 647 万 t，其余省份的煤炭消费量也在不断增长。

目前东部地区的绝大多数煤田已经充分开发，查明的保有煤炭资源利用率很高，比全国水平高 20~30 个百分点。东部地区尚未查明的预测资源量多为零星区块，村庄占压，且埋藏较深，多数难以单独建井。由于超强度开采，许多煤矿提前进入衰老报废期。据估计，如果按目前开采速度，2006~2050 年，现有煤矿报废关闭的生产能力将占现有生产能力的 80% 以上；到 2030 年前后，广东、浙江、福建、湖北、湖南、江西、广西、海南 8 个省（自治区）将陆续退出煤炭生产领域。全区由于煤炭消费远大于生产量，将越来越多地依靠北方的煤炭调入，因此本地区煤炭今后主要靠周边省份调入以及海运进口来供给。

6.3 中部煤炭资源开发与区域经济发展

6.3.1 蒙东区

蒙东区煤炭赋存条件较好，主要为褐煤，保有煤炭资源储量高达 3000 亿 t 以上，仅次于晋陕蒙（西）宁区。主要矿区有平庄、霍林河、伊敏、胜利、白音华等。本区因属牧区，对能源需求很少，煤炭生产主要向东北和华北输出，输出方式以煤炭外运和坑口电站的电力输送为主。区内地势较平坦，多为草原和沼泽地貌，原始生态环境良好；但草原生态十分脆弱，植被一旦破坏，沙漠化即刻来临，生态恢复极为困难。本区煤炭资源开发与草原生态保护的问题尤为突出。蒙东区煤炭工业发展现状部分参见下节所述。

6.3.2　晋陕蒙（西）宁区

晋陕蒙（西）宁区主要矿区有大同、阳泉、西山、潞安、晋城、神府-东胜、榆神、榆横、彬长、铜川、韩城、准格尔、鸳鸯湖、马家滩、石炭井、华亭等。2009 年，山西、陕西、内蒙古、宁夏和甘肃的原煤产量分别为 59 354.0 万 t、29 611.1 万 t、60 058.5 万 t、5509.5 万 t 和 3875.6 万 t，而相应消费量分别为 27 762 万 t、9497 万 t、24 047 万 t、4781 万 t 和 4479 万 t。区域煤炭主要用于外销。本区位于秦晋高原，多为黄土梁峁山地，晋中、晋南地形条件较好，煤系多为暴露型，煤层埋藏较浅，开发条件好，地方小井对资源破坏也相当严重。主要富煤的山西、陕西、内蒙古位于沙漠边缘，水源匮乏，水土流失严重，生态环境十分脆弱，煤炭的大规模开采更加剧了环境的恶化。虽然为煤炭外运而建设了多条铁路，但仍难满足巨大的产量增长运输需求；若建坑口电站，又难以解决水源问题。凡此种种都使这一得天独厚的煤炭基地如何合理开发面临许多新的课题，主要是如何在保护好生态环境的前提下，合理开发煤炭资源的问题。

（1）山西煤炭工业发展现状

山西煤炭资源丰富，煤种齐全，质地优良，一直以来是山西能源工业的基础产业。作为支柱产业，以煤炭为主的能源工业带动了山西国民经济的快速发展。经过近 10 年的高速发展，山西煤炭工业取得了质的突破，成为山西名副其实的第一支柱产业，有力地推动了该省经济的持续、快速发展。"十一五"期间，全省煤炭产量平均以 2400 万 t/a 的速度递增，期间共生产煤炭 31.8 亿 t；全省煤炭出省销量平均以 7000 万 t/a 的速度递增，2010 年达 5 亿 t。2009 年和 2010 年，山西煤炭行业分别完成销售收入 3766 亿元和 4000 亿元，煤炭产业万元 GDP 贡献率分别为 50% 和 44%。

煤炭工业的飞速发展带动了区域交通运输业的发展。为适应能源外调和能源工业发展的需要，山西先后修建了双沁、孝柳等多条地方铁路，同时对石太、同蒲铁路干线进行了全线电气化改造，并新建大秦双线电气化铁路，铁路运输能力大幅提高。同时，山西修建了太旧高速公路、太原东山过境高速公路、大运高速公路、太长高速公路等高等级的公路，极大地提高了晋煤外运能力。2008 年，山西通过铁路外运煤炭 4.17 亿 t，通过公路外运煤炭 1.36 亿 t。

山西煤炭工业也有力地带动了冶金、化学工业、建材工业等产业的发展。特别是化工行业从无到有，逐渐发展壮大，形成了包括煤气、化肥、电石、乙炔工业等在内的较为完整的煤化工体系，煤炭加工转化和综合利用的规模效益已充分显现。2007 年，上述 3 个行业总产值达到 2879.26 亿元，占全省工业总产值的比例上升到 36.95%。

煤炭资源开发促进了山西山区、老区的经济开发和乡镇企业的发展，带动了许多煤炭资源地区的经济发展。在全省 28 个综合实力强县中，重点产煤县就有 18 个。29 个经济较发达县中，重点产煤县有 13 个。形成了资源型县域经济发展模式，涌现出古交、孝义、介休、潞城、临汾、霍州等资源型县域经济发展的典型代表，对全省有煤炭资源的经济欠发达县产生了示范效应。

（2）内蒙古煤炭工业发展现状

西部大开发战略实施 10 年来，内蒙古煤炭工业走出了一条与自治区经济发展相适应的资源利用率高、安全有保障、经济效益好、环境污染少的创新发展之路。煤炭及相关上下游产业已成为自治区区域化发展的支柱产业，对拉动自治区地区经济及全国经济起到重要作用。2001~2008 年内蒙古累计产煤 18.66 亿 t，占改革开放 30 年来累计产量的 64%。2009 年，内蒙古煤炭产量高达 6.37 亿 t，增长 37%，位居全国第一。2010 年内蒙古全区煤炭产量增长到 7.87 亿 t，成为全国第一个煤炭产量突破 7 亿 t 大关的省区。"十五"末，内蒙古煤炭工业点多面广、规模较小、生产粗放。进入"十一五"以来，随着煤炭资源整合和机械化采煤的不断进步，内蒙古煤炭工业基本实现了从小型粗放生产向大型集约的现代化煤炭工业过渡。全区煤炭工业产值和利润由 2001 年的 64 亿元和-1.6 亿元，分别提高到 2009 年的 1700 亿元和 300 多亿元，煤炭产业占万元 GDP 贡献率由 2001 年的 4% 提高到 2009 年的 17.5%。

煤炭生产及运输的基础设施正在逐步完善。近 10 年来，伴随着煤炭产能的快速释放及调出煤炭量的持续增加，内蒙古铁路、公路建设进入大发展期，大运输网基本形成，总里程和运力显著提高，煤炭运输紧张局面大为改观。"十五"期间，内蒙古铁路进入大发展期，区域东、中、西部全面发展，全区铁路建设完成投资 104 亿元，先后建成集张铁路、新包神铁路、大齐复线、呼准铁路、东乌铁路、赤大白铁路等，铁路总里程达到 7934km。"十一五"期间，铁路建设规模继续扩大，先后建成滨州铁路海满复线、临河—策克、包头—西安、赤峰—大阪—白音华、伊敏—伊尔施等 30 个重点项目，全区铁路运营里程达 9500km。"十五"以来，内蒙古基础设施建设规模显著增加，路网结构不断改善。2005 年 9 月，全长 2515km 的内蒙古自治区省际大通道全线贯通，对促进该区资源开发利用，参与东北、华北及西北经济圈建设，连接周边，实现通疆达海，创造了良好的条件；以此为轴心，相继建成多条等级公路，区内公路网络逐渐形成。

内蒙古煤炭工业飞速发展的同时，煤炭转换、深加工产业也正在兴起。"十一五"期间，内蒙古以发展循环经济、资源综合利用为主攻方向，坚持"煤焦化"、"煤电化"两条发展主线，逐步形成了煤电铝、煤焦化、煤化工等新的煤炭产业链条模式。神华集团在该区建成全国首个 108 万 t 煤直接液化项目；伊泰集团是全国首家拥有间接煤制油自主知识产权技术的企业，目前整套生产线已经达到满负荷生产状态；国内最大的煤制天然气项目在赤峰开工；亚洲装机容量最大的火电厂——大唐托克托电厂投产；东、中部褐煤地区实施的以热解技术、气化技术为主的褐煤提质技术研究攻关示范项目也在稳步推进。在以现代煤化工为代表的煤炭综合利用领域，该区正逐步形成前景广阔的新经济增长点。

（3）陕西煤炭工业发展现状

适应 10 年来经济的高速发展，陕西煤炭工业实现了煤炭产销量和经济总量、生产布局和产业结构调整、安全生产三大新突破，已成为陕西发展的强势推动力，为该省经济的大跨越发挥了强大的引擎作用。"十一五"期间，陕西共生产煤炭 11.99 亿 t，2010 年煤炭产量达 3.55 亿 t，仅次于山西、内蒙古，成为我国第三产煤大省。大型煤炭企业集团及大型煤矿产量已达 2 亿 t，约占全省总产量的 56%。2009 年、2010 年，陕西煤炭行业分别实现总产值 1332 亿元、1550 亿元，煤炭产业万元 GDP 贡献率为 16.3% 及 15.5%。

为有效释放陕西的煤炭产能，满足煤炭调出和相关产业发展的需要，陕西的铁路、公路建设均取得长足发展。近年来，建成的过境铁路有神朔铁路（已延伸至黄骅港）、包西铁路（陕北、黄陇煤田煤运的重要通道）、太中铁路、宝兰复线等，地方铁路有西康铁路、西宝铁路等；其中，神朔铁路形成与大秦线平行的西煤东运新通道，包西铁路与西康铁路相接形成横贯南北的铁路大通道。公路方面，自 2005 年以来，先后建成洋县—汉中—勉县、富平—禹门口、黄陵—延安—榆林—陕蒙界等多条高速公路，特别是秦岭终南山隧道的建成使省境内国道主干线全面贯通，突破了关中与陕南之间一大交通瓶颈，贯通了陕北能源化工基地横向通道。

近年来，陕西立足丰富的煤炭资源，按照"煤、油、气、盐向化工产品转化"的思路，煤化工产业发展取得显著成效，已形成以化肥、焦化、电石和煤制乙醇为主的煤化工产业格局，并逐步由传统煤化工向以煤制油、煤制烯烃和醇醚燃料等为主的现代煤化工产业转变，产业布局逐步由小型化、分散化向大型化、规模化、园区化、基地化转变，增长方式逐步由粗放向集约转变。具体表现：煤化工产能较快增长，重大化工项目前期工作进展良好，煤化工产业结构调整步伐加快，重点煤化工园区初步形成。"十一五"期间，陕西重点建设关中地区火电项目，同时加大陕北火电基地的开发力度。陕西电网电源建设 2008~2012 年开工规模 1496.3 万 kW，其中火电 1316 万 kW；投产规模 1573.8 万 kW，其中火电 1526 万 kW。火电项目的投产建设有利于实现煤电一体化，推进上下游产业聚集和融合，提高煤炭资源利用效率，减轻煤炭运输压力。

（4）宁夏煤炭工业发展现状

"十一五"以来，宁夏按照资源优势向经济优势转化的发展思路，建立起了煤炭资源开发、电力生产和新能源开发竞相发展的能源格局，能源工业已成为宁夏经济发展的支柱产业之一。其中，作为国家重要的煤炭资源转化基地，已初步形成煤炭、电力、煤化工、煤基新材料四大产业集群，成为宁夏经济发展最强有力的支撑。2005~2009 年，宁夏全区累计产煤 1.96 亿 t，作为煤炭调出区，对外供应能力显著增强。例如，2009 年全区煤炭产量 5509.53 万 t，其中外运超过 2500 万 t，占全区煤炭产量的 45%，主要销往四川、河北、辽宁、湖北、浙江、山东等省。特别是在全区煤炭资源整合与重新配置后，以神华宁煤集团为主的大型煤炭企业发展步伐加快，产业集中度进一步提高，煤炭生产稳定而高效。2009 年，神华宁煤集团原煤产量 5025 万 t，占全区煤炭产量的 88.6%，成为宁夏最大的企业集团和经济发展的主要力量之一。2009 年，宁夏全区煤炭行业实现营业总收入 171.90 亿元，煤炭产业万元 GDP 贡献率为 12.9%。

自西部大开发战略实施以来，宁夏以组建成立宁夏煤业集团、开发建设宁东能源化工基地为标志，拉开了实施煤炭资源开发与转化战略的帷幕。历经 8 年，宁东能源化工基地已上升为国家能源战略基地，成为自治区的首要工程，发展建设粗具规模。目前，全区煤炭资源开发、煤炭转化和基础设施建设项目累计完成投资 1100 亿元。据规划，预计到 2020 年，宁夏将建成国家重要的煤炭资源转化基地，真正形成煤炭、电力、煤化工、煤基新材料四大产业集群；全区煤炭总产量达到 1.5 亿 t，火电总装机容量达到 4800 万 kW，煤化工产品生产能力达到 2000 万 t 以上，区内煤炭转化 13 300 万 t；直接和间接实现增加值 1500 亿元，新增地方财政收入 200 亿元；带动沿黄河城市带新增就业岗位 40 万个，吸纳南部地区、中部干旱带人口转移定居 50 万人，促进全区城镇化率达到 60% 以上，真正把煤炭资源优势变成强区富民的经济优势。

6.3.3 西南区

西南区是南方煤炭资源比较丰富的区域，资源集中分布于贵州和云南，主要矿区有六盘水、恩洪、水城、芙蓉、南桐、永荣、渡口、楚雄等。

从资源条件来看，贵州、云南煤炭产能增长潜力大，煤炭赋存地区多为高山区。贵州、云南是西南地区煤炭资源最富集的省份，也是未来南方地区的新增产能地，但由于受煤炭赋存条件和开采技术限制，建设大型和特大型矿井受到很大制约。贵州是南方煤炭资源相对丰富的省份，是云贵大型煤炭基地的主体，也是国家规划的重要能源基地和"西电东送"的重要省份，全省保有煤炭资源总量为 683.4 亿 t；现已形成 500 万 t 以上矿区一处（贵州盘江），200 万～500 万 t 矿区一处（贵州永城），以煤炭为基础的能源工业已成为贵州的基础产业和第一支柱产业。2008 年，原煤产量达到 11 798 万 t，煤炭工业总产值达 508 亿元，同比增长 59.7%。

本区经济发展不平衡，四川、重庆相对发达，能源需求大（2009 年四川煤炭消费量为 12 147 万 t），但煤炭资源较少；贵州、滇东能源需求少，但煤炭产量高，可以调出，或建设坑口电站输出电能。贵州煤炭资源丰富，是云贵大型煤炭基地的主体。四川和重庆作为人口与能源消费大省（直辖市），用煤量很大，而资源不足，煤质又差（高硫），必须依靠贵州和陕西运入煤炭，滇北也少量地向四川供煤或供电。总体来看，西南地区煤炭基本上形成以贵州为中心、辐射邻近省份的发展格局。

6.4 西部煤炭资源开发与区域经济发展

6.4.1 北疆区

在东部煤矿区资源量大幅减少的背景下，新疆已成为中国重要的能源接替区和战略能源储备区。北疆区是目前"井"字形区划西部地区的主产煤炭区。北疆区资源储量巨大，煤质较为优良。主要矿区有哈密、吐鲁番、准东、准北、准南、伊犁等。新疆 2009 年煤炭产量为 7646 万 t，自身消费 7418 万 t。本区位居我国最西部，目前开发势头强劲。

新疆为我国第十四个国家大型煤炭基地。区域煤炭资源丰富，开发前景广阔，是未来我国主要的煤炭生产基地，也是重要的煤炭调出区。该区煤炭消费市场有限，外运通道能力不足。新疆煤炭预测储量居全国之首，占全国预测资源量的 40% 以上。"十一五"期间，新疆煤炭产量快速增长，5 年累计生产原煤 3.42 亿 t，年均递增 20.49%。2010 年煤炭产量首次突破 1 亿 t。2008 年，新疆规模以上煤炭企业主营业务收入实现 86.39 亿元；实现利润总额 11.54 亿元。目前，受国家政策和巨额投资的推动，新疆煤炭资源开发和煤电基地建设不断提速。未来一段时间，新疆将以准东、吐哈、伊犁、库拜四大煤田为重点，打造千万吨级矿井和亿吨级大型矿区，建设国家第十四个现代化大型煤炭基地。预计到 2015 年，新疆煤炭产能将达到 4 亿 t 以上，外运 5000 万 t；到 2020 年，新疆煤炭产量可能占到全国总产量的两成以上，调出量进一步加大。煤炭产业有望成为自治区经济快速发展的新引擎。

新疆煤炭工业的大发展将有力推动区内铁路与公路、天然气管网及输电线路的建设，以适应大量煤炭外运、天然气上网输送及西电东输的需要，形成完善的煤电、煤化工产业和基础设施相配套的格局，有利于进一步将煤炭资源优势转化为经济优势，实现区域经济的跨越式发展。

新疆煤炭资源开发规划为区内煤化工产业的发展奠定了坚实的基础。"十一五"期间，新疆重点在准东、伊犁、库车、拜城等地发展煤化工产业；在准东、伊犁、河谷重点发展煤制油、煤制烯烃等产业；在库车、拜城重点发展煤焦化产业；在伊吾、克拉玛依等地适度发展一定规模的煤化工产业。

6.4.2　南疆-甘青区

南疆-甘青区主要矿区有昆仑、乌哈、塔里木北缘、尤尔都斯、塔东、山丹、柴北、阿尔金等。青海 2009 年煤炭产量为 1283.6 万 t，自身消费 1310 万 t。甘肃 2009 年煤炭产量为 3875.59 万 t，自身消费 4479 万 t。一般而言，煤炭资源赋存条件以青海较好。但青海地处高寒区，交通不便，需求量又少，因此煤炭资源开发规模不大；而一些地区焦煤的掠夺性开发已使脆弱的高原生态遭严重破坏。相比之下河西走廊开发条件略好，但资源条件有限。

近年来，甘肃煤炭工业相继实施深化整治、结构调整、改革改制等一系列举措，煤炭企业联合、重组和集团化建设的步伐加快，产业集中度有所提高。煤炭产量持续增长，生产技术水平逐步提高，煤矿安全生产条件显著改善，经济效益不断向好。煤炭产业在全省经济、社会发展中具有更加重要的战略地位。目前，甘肃的煤炭供求关系发生了深刻变化，正在由原来的自求平衡省份向净调入省份转变。"十一五"期间，该省原煤产量为 20 260 万 t，比"十五"期间增长了 42.58%，其中 2010 年原煤产量达到 4532 万 t。2009 年煤炭行业实现营业总收入 124.4 亿元，煤炭产业万元 GDP 贡献率为 3.7%。

"十一五"时期是甘肃交通运输业投资最大、发展速度最快、发展质量最好、服务水平提升最显著的时期。公路方面，重点围绕实施"东部会战"战略，建成和开工建设高速公路 16 条，总里程 2000 km，二级公路里程突破 6000 km。同时，铁路建设突飞猛进，一批关系全省经济、社会发展的重大铁路项目相继开工建设，铁路运营里程超过了 3000 km。目前，全省境内逐步形成了以陇海、兰新、兰青、包兰、兰渝五大干线以及敦煌铁路为架构的铁路网络，初步构建成了高效畅通、辐射四方的大能力运输通道。

甘肃立足本地资源优势、成本优势和区位优势，优先选择具有经济竞争力和环保效益的优势煤化工产品，大力发展特色产品市场，鼓励发展醇醚燃料产业，稳步发展合成氨、化肥产业，积极追踪煤制烯烃、煤制油项目，做好煤化工项目的规划和储备工作。根据产品功能，在全省建设了三大煤电化工产业基地：陇东煤化工产业基地——以合成氨、尿素为主的化肥生产基地，白银煤化工产业基地——以 TDI、硝基复合肥为主的特色产品生产基地，河西煤电化产业基地——以醇醚燃料、煤制烯烃以及 IGCC 调峰电站为主的能源生产基地。可以预见，煤化工基地建设及产品结构的优化将有力推动该省经济的健康发展，实现该省煤炭资源优势的最大化。

6.5 煤炭资源开发重心西移对区域社会、经济发展的影响

6.5.1 煤炭资源开发战略重心持续西移

我国煤炭资源的分布特点，决定了在今后相当一段时间内煤炭资源开发和生产的重心一定是在中西部地区。从地理上来看，我国煤炭资源北多南少、西富东贫，资源分布极不平衡。按"井"字形划分来看，最大的保有煤炭资源赋存区域为晋陕蒙（西）宁区，其保有资源量约占全国的 54.6%；其次为蒙东区（约占全国的 16.2%）、北疆区（约占全国的 10.8%）、黄淮海区（约占全国的 8.2%）、西南区（约占全国的 5.7%）。上述 5 个区域的煤炭资源保有量约占全国的 95.5%。

表 6-1 列出了我国主要产煤地区煤炭资源总量和保有煤炭资源量的分布情况。新疆的煤炭资源总量达 1.9 万亿 t，位居全国第一，占全国煤炭资源总量的比例为 32.6%；其次为内蒙古，所占比例为 27.9%。从保有查明煤炭资源量来看，内蒙古最多，占全国保有查明煤炭资源总量的 45.8%；其次为山西，占全国保有查明煤炭资源总量的 13.8%；新疆占全国保有查明煤炭资源总量的 11.8%；陕西占全国保有查明煤炭资源总量的 9.2%。保有煤炭资源量位居前十位的省份中，除河南、安徽、河北以外，均为中西部省份，其保有查明煤炭资源总量总计占全国的 87.5%。中西部地区煤炭资源开发具有显著的潜在资源优势。

表 6-1 中国主要产煤地区煤炭资源储量分布情况

地区	煤炭资源总量		保有煤炭资源量	
	数量/亿 t	占全国比例/%	数量/亿 t	占全国比例/%
全国	58 260.78	100.0	19 455.89	100.0
内蒙古	16 243.98	27.9	8 907.19	45.8
山西	6 421.35	11.0	2 688.16	13.8
新疆	18 977.17	32.6	2 295.32	11.8
陕西	4 054.94	7.0	1 795.67	9.2
贵州	2 564.37	4.4	683.43	3.5
河南	1 328.52	2.3	617.78	3.2
宁夏	1 847.93	3.2	376.92	1.9
安徽	799.96	1.4	353.77	1.8
河北	813.37	1.4	345.65	1.8
云南	738.49	1.3	288.76	1.5
其他	4 470.70	7.7	1 103.25	5.7

随着西部煤炭储量的查明、西部开发力度的加大，西北六省（自治区）在全国原煤产量增长中持续扮演着重要角色。西北六省（自治区）原煤产量近 10 年迅速增长，其中产量增长较快的是内蒙古、宁夏、陕西和新疆（表 6-2）。2003～2010 年，西北六省（自治区）原煤产量的累积增幅达到 253.4%，平均增幅达到 20%，远高于全国平均水平。目前，内蒙古已经超过山西成为中国产煤第一大省份。内蒙古煤炭资源最显著的特点是埋藏浅、厚煤层多、地质构造和水文地质相对简单、层位稳定、断层少、瓦斯含量小、煤田规模大、开采条件极为优越，适于建设大型矿区。准格尔、东胜、胜利、霍林河、宝日希勒等矿区普遍适于露天开采，露天煤矿产量占内蒙古原煤总产量的 1/3。西部地区由于开采条件优越，产能扩张仍将保持较大规模。虽然西北六省（自治区）保有查明煤炭资源量占全国保有查明资源总量的 66.5%，但是 2010 年其产能仅占全国产能的 38.8%。西北地区煤炭资源开发的增长潜力巨大。

表 6-2　2003～2010 年西北六省（自治区）原煤产量　（产量单位：亿 t）

项目	2003 年	2004 年	2005 年	2006 年	2007 年	2008 年	2009 年	2010 年
内蒙古	1.50	2.03	2.57	2.85	3.45	5.05	6.01	6.93
陕西	1.16	1.33	1.56	1.65	1.77	2.12	2.96	3.55
甘肃	0.29	0.35	0.35	0.38	0.40	0.40	0.39	0.45
青海	0.04	0.05	0.06	0.06	0.06	0.13	0.13	0.13
宁夏	0.22	0.25	0.27	0.33	0.39	0.44	0.55	0.62
新疆	0.35	0.42	0.33	0.43	0.45	0.62	0.76	0.90
合计	3.56	4.43	5.14	5.70	6.53	8.76	10.8	12.58
全国	17.28	19.97	21.51	23.32	25.23	27.49	29.51	32.4
所占比例/%	20.6	22.2	23.9	24.5	25.9	31.9	36.6	38.8

注：由于内蒙古重点产煤区域的地理位置位于我国西北地区，这里所说的西北六省（自治区）包括新疆、陕西、宁夏、甘肃、青海以及内蒙古。

有预测表明（崔君鸣和常毅军，2010），按照目前的开发规模，到 2020 年，东部将有 40% 的国有重点煤矿和 60% 以上的地方国有煤矿因资源枯竭而关闭；而且城镇和建筑物压煤十分严重，下组煤煤质差，并受地下水威胁而难以开采，很多重点矿区将面临资源枯竭，众多矿井进入深部开采期，生产能力将大幅度下降，安全隐患加大。伴随着东部煤矿资源逐步枯竭，东部煤炭产量增长乏力，迫切需要进一步政策调整。因此，可以确定的是，我国煤炭资源开发的战略重心还将逐步西移（张玉卓等，2011）。

未来 20 年内，煤炭资源分布与区域经济发展的空间错位将进一步加剧：东部部分地区将从目前的供给区转变为调入区，东部地区一些省份将逐步退出煤炭生产。但是"北煤南运"和"西电东送"的格局将继续存在；山西、陕西、内蒙古"三西"地区仍将是中国煤炭的主要调出基地，而内蒙古将成为中国煤炭生产第一大省份，新疆作为中国煤炭资源储量最丰富的后备区，其开采规模将加速扩张。伴随着越来越大的供需缺口，煤炭资源开发格局的重新调整和重心向中西部转移是中国经济发展的必然结果，中西部煤炭资源开发将不断面临新的煤炭资源、水资源、生态环境以及区域经济等问题。

与此同时，东部地区是我国经济最发达地区，也是我国主要的煤炭消费区域，东部地区经济持续发展需要实现煤炭有效稳定的供给。在当前我国政治、经济、文化中心均位于东部地区，而东部地区煤炭资源又极为紧缺的情况下，维持我国东部地区煤炭稳定可持续供应就成为当前我国能源安全甚至国家安全战略的重中之重。我国煤炭资源开发战略重心的不断西移，是我国未来经济持续发展的需要，这将对我国煤炭的供应、运输、区域产业结构乃至整个社会、经济的发展，产生深远影响，新的中国煤炭资源开发格局也将会逐渐形成（崔君鸣和常毅军，2010；中国煤炭工业发展研究中心和国家能源局煤炭司，2011）。

6.5.2 煤炭资源开发新形势与西部大开发

我国的西部大开发地区（非"井"字形西部）包括新疆、青海、甘肃、宁夏、陕西、四川、重庆、云南、贵州、西藏、广西、内蒙古 12 个省（自治区、直辖市），国土总面积 688.32 万 km²，占全国陆地面积的 71.7%。然而，我国广大西部地区 GDP 占全国的比例很小。如图 6-6 所示，2009 年内蒙古、云南、新疆、贵州、宁夏、青海、西藏的 GDP 占全国比例总和为 7.4%，不及广东一省所占的比例（10.8%）。

由于我国广大中西部地区长期以来经济发展较为缓慢，与东部地区经济在发展中的差距越来越大。区域经济发展不平衡对我国社会、经济的可持续发展构成了巨大障碍。显然，如果总面积占全国 60% 以上的传统西部地区不能摆脱经济发展的落后状态，那么，经济可持续发展就只会成为一句口号。世界上每个发达国家，在实现现代化的进程中，都把开发落后地区、解决薄弱环节的发展问题作为整体发展的一个极其重要的举措。区域经济协调发展是实现中国可持续发展的必然。中国煤炭资源开发格局的调整和重心向中西部转移是大势所趋，也是中国经济发展的必然结果。未来中国的煤炭资源开发主要依靠中西部的富煤区（晋陕蒙宁地区和新疆），该区域将成为我国煤炭资源长期保障的唯一可靠来源。中西部煤炭和电力将始终是我国能源安全和经济可持续开发的重要能源保障。改变西部地区长期经济落后的局面，迫切需要进一步推进西部大开发战略。

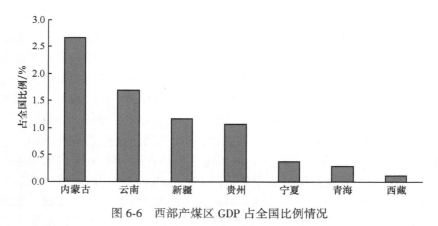

图 6-6 西部产煤区 GDP 占全国比例情况

借力煤炭资源开发，带动中西部地区社会、经济发展的同时，必须对区域生态环境、水资源和交通运输条件有清醒认识。突破水资源、生态环境和交通运输条件的约束，是中西部地区煤炭资源可持续开发的前提。

1）水资源条件。前述章节已经分析了水资源条件是中西部地区煤炭资源开发的重大约束条件。中部的晋陕蒙（西）宁区，保有煤炭资源量占全国的 70.8%，而水资源总量仅占全国的 3.7%。除西藏外的西部地区（包括甘肃、青海和新疆），保有煤炭资源量占全国的 12.9%，水资源总量占全国的 7.7%。西部的富煤区大多处于干旱、半干旱的缺水区域（如晋陕蒙宁地区、西北地区等），水资源条件差，供水主要靠抽取地下水资源和矿井水综合利用，水资源供需矛盾突出。从长远来看，西部地区煤矿发展不仅缺水，而且必然也存在着和工农业争水的问题。

2）生态环境承载力。中西部广大煤炭资源富集地区，主要包括山西、内蒙古、陕西、甘肃、宁夏、青海、新疆 7 省（自治区），生态脆弱。我国近 90% 的煤炭资源分布在大陆性干旱、半干旱气候带，这一地区水土流失和土地荒漠化十分严重，泥石流、滑坡等地质灾害频繁，植被覆盖率低，生态环境十分脆弱。高强度的煤炭生产，将使该区面临着水土流失加剧、土地沙漠化蔓延、风沙灾害频繁等一系列生态环境问题。煤炭资源开发还造成土地破坏与占用、水体污染与水文地质条件改变、瓦斯排放、煤矸石自燃等严重的环境问题，加剧当地生态环境的恶化。煤炭资源分布的极度不均匀，各分布区差异显著的自然与社会经济环境条件，将通过不同形式如开采条件、开采方法、强度、利用方式等制约煤炭资源的可持续开发。例如，新疆地广人稀，多为沙漠、戈壁，大规模的煤炭资源开发对当地生态环境的影响仍有待考查。由山西、陕西等传统煤炭省份的经验可知，这是一个绝对不能忽视的重大问题。

3）能源通道建设。运输条件是煤炭有效供给的关键。煤炭资源和需求的地理分布不均衡使煤炭运输成为制约我国中西部地区煤炭行业发展的关键因素，运量大、运距长的煤炭运输特点决定了铁路不可替代的地位。但是由于铁路运力紧张，特别是大通道能力不足和运力结构的不平稳，严重制约了西部地区的煤炭资源开发，尤其是内蒙古西部及新疆地区。中国新增铁路运力主要集中在北方的大秦线，而中西部地区却没有新的增量，使得新疆、内蒙古、宁夏等省（自治区）的煤炭产能难以充分释放。因新疆经济发展相对滞后，煤炭消耗能力有限，新增煤炭产量大部分需要运出。目前疆煤东运大通道只有兰新铁路，该铁路属客货运混营。这既无法满足当前疆煤东运需要，更无法满足今后更大规模的煤炭外运需求。随着中部和东部煤炭资源日渐枯竭，煤炭资源中心逐渐西移，运输问题成为制约未来中国动力煤市场发展的关键因素。此外，煤炭运不出去，就近建设火电厂发电实现"西电东送"也是解决疆煤东运的一个办法。但就目前的新疆电网而言，规模偏小，且相对独立，根本无力承担起西电东输的任务。

当然，目前中西部地区煤炭资源开发还存在着非煤企业参与角逐、资源配置针对性不够、煤炭深加工的产业发展缺乏系统规划等问题，在此不再冗述。随着我国煤炭资源开发战略重心的逐步西移，如何使煤炭资源开发带动中西部地区经济可持续发展，成为西部大开发急需解决的紧迫课题。

6.5.3　西部边疆民族地区煤炭资源开发与社会发展

传统西部地区是我国多民族地区，在某种意义上，西部大开发就是民族地区的大开发。中国少数民族社会、经济的发展不仅仅是个经济概念，而且还有政治内涵和文化内涵。中国 55 个少数民族大多（80% 以上人口）聚居于西部和陆地边疆地区。我国少数民族地区的总面积为 611.73 万 km²，占全国的 63.72%。其中，新疆、西藏、内蒙古面积最大，宁夏面积最小。少数民族地区能否实现社会、经济可持续发展，不仅关系到我国社会主义现代化建设的全局，而且关系到民族团结和我国经济、社会的长治久安。

除西藏以外，新疆、内蒙古、宁夏、甘肃、云南、贵州等地都蕴藏着丰富的煤炭资源，是我国西部边疆民族地区经济、社会发展的得天独厚的有利条件。以新疆为例，新疆是我国煤炭资源的最后储备地区。资源富集并拥有中国四大煤田（华北煤田、鄂尔多斯煤田、吐鲁番-哈密煤田、准噶尔煤田）之半的新疆，在中国煤炭区域布局中的地位也日益显著，其开发势头也很强劲。中央政府提出一系列加大对新疆发展的支持的政策，其中之一就是在具备资源优势、在本地区和周边地区有市场需求的行业适当放宽准入限制。国家的政策支持使新疆地区的煤炭资源开发从"替补席"一跃成为全国煤矿建设的主战场。面对前所未有的机遇，新疆煤炭实现跨越式发展几成定局。随着经济的发展，加之新疆入围新一轮西部大开发重点区域，到"十二五"末，新疆煤炭产业将建成国家重要能源基地和大型煤电、煤化工基地，新疆也将由国家能源储备基地转变为国家能源基地。

然而，我国新疆等少数民族地区社会、经济发展面临的挑战也很严峻，具体表现在 3 个方面：①从地域分布看，中国少数民族绝大部分人口分布在农村山区、牧区、高寒地区和沙漠荒原。这些地区往往是我国生态脆弱性和经济落后性高度重叠的地域，很容易陷入"贫困落后—过度开发—生态退化"的恶性循环。这些地区气候多变、灾害频繁、地广人稀、交通不便、信息闭塞、科技落后，其生产、生活的自然环境条件十分恶劣，这给少数民族地区经济的发展带来了先天的障碍和严重的困难。②从人口方面看，人口增长速度快、素质较低、观念保守也使经济发展缺乏内源驱动力。人口的过快增长，一方面为经济发展提供了必要的劳动力，另一方面也加剧了人口与资源、环境之间的矛盾，加剧了协调人与自然关系的难度，制约着民族地区的可持续发展。③在加快工业化进程中，与粗放型经济增长方式相伴随的资源破坏和环境污染等问题也日渐突出。在我国积极探寻经济可持续发展的科学路径时，由于少数民族地区自然资源总量较丰富，具有重要的战略资源接替区地位，使得少数民族地区在新时期又有了新的特殊性。我国少数民族地区实行着民族区域自治制度，有着十分灿烂的民族文化，存在发挥后发优势实现经济赶超的可能性，这也是一种特殊性。

针对少数民族地区的特点，探寻少数民族地区实现可持续发展的科学路径，是当前亟待解决的重大问题。西部煤炭资源的大规模开发，为边疆少数民族地区的加快发展提供了前所未有的机遇。煤炭资源优势如何转化为社会、经济优势的问题将始终是少数民族地区社会、经济发展关注的重点问题之一。通过煤炭资源开发带动新疆等少数民族地区的社会、经济发展是我国寻求西部大开发、维护国家安全和政治稳定的必由之路。因此，西部地区煤炭资源开发的过程中不仅要正视民族发展中的差距问题，更要关心少数民族和少数民族乡村的发展，助推缩小地区、民族之间的贫富悬殊和发展差距，避免资源开发带来新的矛盾和冲突。

第7章

国外煤炭资源开发对中国煤炭工业发展的启示

7.1 世界煤炭资源概况

煤炭是地球上蕴藏量最丰富、分布地域最广的化石燃料。截至 2010 年年底，世界煤炭探明可采储量为 8609.38 亿 t。其中，无烟煤和烟煤的可采储量为 4047.62 亿 t，占总储量的 47.0%；褐煤和次烟煤的可采储量为 4561.76 亿 t，占总储量的 53.0%（BP，2011）。世界煤炭资源的地理分布，以两条巨大的聚煤带最为突出，一条横亘欧亚大陆，西起英国，向东经德国、波兰、俄罗斯，直到我国的华北地区；另一条呈东西向绵延于北美洲的中部，包括美国和加拿大的煤田。南半球的煤炭资源也主要分布在温带地区，比较丰富的有澳大利亚、南非和博茨瓦纳（表 7-1）。

表 7-1　世界各地区 2010 年年底的煤炭探明可采储量

国家和地区	无烟煤和烟煤/亿 t	次烟煤和褐煤/亿 t	合计/亿 t	所占比例/%	储采比/年
欧洲和欧亚大陆	929.9	2116.14	3046.04	35.4	257
亚洲太平洋	1593.26	1065.17	2658.43	30.9	57
北美洲	1128.35	1322.53	2450.88	28.5	231
中东和非洲	327.21	1.74	328.95	3.8	127
中南美洲	68.9	56.18	125.08	1.5	148
全世界	4047.62	4561.76	8609.38	100	118
OECD 成员国	1559.26	2226.03	3785.29	44.0	184
非 OECD 成员国	2488.36	2335.73	4824.09	56.0	92
欧盟	51.01	510.47	561.48	6.5	105
原苏联国家	867.25	1413.09	2280.34	26.5	452

资料来源：BP，2011

从煤炭资源储量看，全世界的煤炭资源主要分布在北半球 30°N ~ 70°N，约占世界煤炭资源总量的 70%。从地区分布看，欧洲和欧亚大陆、亚洲太平洋地区、北美洲的煤炭储量较为集中，中南美洲、中东和非洲的储量很少。美国、俄罗斯、中国、澳大利亚和印度 5 个国家煤炭储量占世界已探明储量的 3/4 以上，其极端不均一性的特征不言而喻。

煤炭是全球储量最丰富的化石能源。按 2010 年全球煤炭消耗水平，现有煤炭资源储量可以保证人类使用近 118 年。而如果世界石油和天然气储量与消费增长率没有发生重大变化，那么全球石油的静态保证年限仅为 46.2 年，天然气为 58.9 年。从人类的长远利益考虑，充分利用煤炭资源可能是未来人类的重要选择之一，对中国而言尤为重要。世界煤炭产量的地区分布情况与煤炭资源储量的分布情况基本类似，主要集中在亚洲、大洋洲、北美洲和欧洲。发达国家煤炭产量增长缓慢，发展中国家产量迅速增加。世界主要产煤国的煤炭产量情况见表 7-2。中国是目前全世界最大的产煤国，占 2010 年全球煤炭产量的 44.54%，其次为美国、印度、澳大利亚、俄罗斯和印度尼西亚，产量均超过 3 亿 t。

表 7-2　世界各地区 2010 年煤炭产量情况

国家	煤炭产量/亿 t	所占比例/%
中国	32.4	44.54
美国	9.85	13.54
印度	5.70	7.84
澳大利亚	4.24	5.83
俄罗斯	3.17	4.36
印度尼西亚	3.06	4.21
南非	2.54	3.49
德国	1.82	2.50
波兰	1.33	1.83
哈萨克斯坦	1.11	1.53
其他国家	7.52	10.34
全世界	72.74	100

资料来源：BP，2011

　　与全球主要产煤国相比，我国煤矿地质构造复杂，煤层埋藏深，露天开采比例低，开采难度比较大。我国煤炭种类和煤质也不及美国和澳大利亚，炼焦用煤相对较少，特别是肥煤较缺，优质的炼焦煤和无烟煤更少。在煤矿自然灾害方面，我国煤矿的自然灾害也是比较严重的。据统计，目前我国国有重点煤矿，高瓦斯和煤与瓦斯突出矿井约占 45%，自然发火期 6 个月以内的约占 52%，其中发火期在 3 个月以内的约占 25%。而美国、澳大利亚和南非的煤田，大部分的煤层为低瓦斯煤层。

　　我国煤炭资源的地理分布极不均衡。工业和经济发达、煤炭需求量较大的沿海地区煤炭资源却十分贫乏，因此煤炭运输距离大，且主要依靠铁路和公路运输，外运条件比较困难，运输费用高，制约了煤炭工业的发展。澳大利亚的煤田集中在东南部沿海或距海岸不远的地区，这些地区地势平坦，交通便利，经济发达，煤炭消费量大，也便于由港口装载外运。另外，澳大利亚靠近经济快速发展、煤炭需求量快速增长的亚洲环太平洋地区。而美国阿巴拉契煤田地处经济与工业发达地区，且河流众多，通航水道达 3 万 km 以上，运输十分方便；西部粉河盆地不但资源潜力巨大，而且煤层厚度大，埋藏很浅，大多适合于大规模露天开采。

　　我国煤炭的资源条件除国有重点煤矿中少数矿区的资源条件较好，接近国际上煤炭资源条件处于一类的美国和澳大利亚外，多数属于二类条件，接近原国家的煤炭资源条件；还有相当一部分属于三类条件，比较接近英国和德国等国家的资源条件。

值得指出的是，美国是全球探明煤炭资源储量最大的国家，煤炭产量也仅次于中国。美国的煤炭资源分布和开发与我国有诸多相似之处。美国煤炭资源开发历史上是从东部阿巴拉契亚地区起步，并逐步西迁，目前西部地区是美国主要的煤炭产区，形成了"由东向西"的演变格局。与之相比的是，我国煤炭资源开发正在经历重心逐步西移的过程。系统性地梳理美国煤炭资源开发的基本特征和发展历程，并深入探析美国煤炭资源开发格局向西演变的主要原因，对于中国煤炭工业的发展具有重要的借鉴意义。

7.2　美国煤炭资源分布与开发概况

7.2.1　煤炭资源地理分布

2009 年年底，美国探明可采煤炭资源储量为 2363 亿 t，居世界第一，约占全球总储量的 28.9%。按目前 10 亿 t 上下的产量计算，美国的煤炭资源还可开采近 240 年。煤炭在美国能源构成中占 22% 左右的比例，为美国 50% 的电力生产提供燃料。

美国的煤炭资源分布广泛，全国 50 个州中，有 38 个州赋存煤炭，含煤面积达 11 810 km²，占国土面积的 13%。根据煤田地质特征，全美大体可分为 6 个含煤区，分别是阿巴拉契亚、内陆、墨西哥湾沿岸、大平原北部、落基山和太平洋沿岸（Energy Information Administration，2009，2011a）。美国煤炭资源的地理分布如图 7-1 所示。

图 7-1　美国煤炭资源分布图

注：1 英里 = 1609.344m。

资料来源：Energy Information Administration，2011a

阿巴拉契亚含煤区在美国东部，其主体是著名的阿巴拉契亚盆地。这里煤层的地质年代属于石炭系，煤级从西向东提高，即从高挥发分烟煤变为低挥发分烟煤和无烟煤；

西部煤层含硫量很高，向东有下降趋势。该含煤区拥有全国 2/5 的烟煤储量和几乎所有的无烟煤储量，已开采煤层超过 60 个，但有 65% 的产量来自其中的 10 个煤层。

内陆含煤区主要包括伊利诺伊盆地、西内盆地和阿科马盆地，均含有石炭系烟煤。煤级在该区的中部和北部是中挥发分烟煤，而到西部变为高挥发分烟煤。伊利诺伊煤田属不对称向斜盆地，盆地西南部有正断层；含煤地层为石炭纪，埋藏深度 100~300m；煤层结构简单，分布广且稳定，煤层平均厚度 1.5m 左右，瓦斯含量中等，涌水量小，但含硫量高达 3%~7%，因不符合发电厂改用低硫煤的趋势，需求在下降。该区煤层不厚，仅为 0.5~2.5m，但分布面积很大，可达数千平方千米。比较典型的是西内盆地的煤层。另外在阿科马盆地还存在含硫量很低的半无烟煤。虽然有巨大的烟煤资源，但含硫量高妨碍了它在发电厂的使用，同时也影响了它的经济可采储量。

墨西哥湾沿岸含煤区拥有古近系和新近系的褐煤，煤层厚度为 1~7.5m，其基本用途是发电厂的燃料。得克萨斯州和路易斯安那州都在大量使用褐煤发电。这些褐煤的热值相对较低，但水分较高，降低了它们长距离运输的使用价值，因而通常仅供煤矿附近的发电厂使用。近年来，墨西哥湾沿岸地区人口和电力需求都有明显增长，因而该区的煤炭产量也已猛增至 6000 万 t。得克萨斯州目前已成为美国的第七大煤炭生产州。

大平原北部含煤区拥有多个地质年代的煤层，从石炭系到新近系都有。位于怀俄明州北部和蒙大拿州东南部的粉河（又译保德河）盆地是最重要的露天煤矿基地，其储煤主要是次烟煤和褐煤，由于含硫量很低，已变得日益重要。煤田的煤层厚、埋藏浅、储量大，开采成本和矿建投资低，适宜建设特大型露天煤矿和发展高产高效长壁综采矿井。在蒙大拿州北部还有白垩系烟煤。粉河盆地的厚煤层存在于古近系古新统尤宁堡（Fort Union）组的河湖相层序中，其展布面积有 22 万 km^2。由于尤宁堡组煤层具有低硫和低灰分的良好品质，今后数十年仍是美国煤炭资源开发的重点区域。

落基山含煤区的煤炭资源分布在不同的山间盆地中。在绿河盆地，含煤层序是上白垩统到新近系，厚度超过了 900m，内含多个煤层。在皮森斯（Piceance）盆地也存在上白垩统到新近系的煤炭，其沉积层序的厚度超过 3000m。圣胡安（San Juan）盆地含有上白垩统的煤。该区的白垩系煤炭主要是烟煤和次烟煤，而古近系和新近系的煤炭都是次烟煤和褐煤。煤层的厚度为 3~10m，煤炭的含硫量很低，不到 1%。该区还存在小范围适合炼焦的煤炭。

太平洋沿岸含煤区的煤炭资源分布在从加利福尼亚州到华盛顿州的很分散的小型盆地中。煤层的年代属于古近系和新近系，已发生构造和变质作用。阿拉斯加州尚未完全勘探，但已发现很多次烟煤和高挥发分烟煤。该州的估算煤炭储量有 18.5 亿 t，但只有 10% 是可采储量。阿拉斯加州虽有相当大的煤炭储量，但开发缓慢，一个重要原因是这里的煤炭品质较差，即绝大多数属于煤化程度不足的褐煤、次烟煤和烟煤。

总体上，美国适于炼焦的煤炭资源较为丰富，约占探明储量的 35%；但低挥发分烟煤储量有限，只占探明储量的 1.1%。炼焦煤的主要产地是阿巴拉契亚煤田，西部也有一些重要的烟煤产区。无烟煤资源有限，主要集中于宾夕法尼亚州，阿拉斯加州、新墨西哥州、犹他州、弗吉尼亚州也有少部分储量。若以密西西比河为界划分，西部较东部资源丰富，占全国资源储量的 52.3%，且适于露天开采的储量为东部的 2 倍以上。东部多优质炼焦煤、动力煤和无烟煤，热值较高（28.84MJ/kg），灰分低，不过含硫量高

（2%~3%）；西部煤质相对较差，多为次烟煤和褐煤，热值低（25.572MJ/kg），但含硫量也低（1%左右）。

7.2.2 煤炭资源分布区划

美国的煤炭资源分布广泛，按地理位置美国的煤炭资源储量主要分布在 3 个不同的区域，即东部阿巴拉契亚地区（Appalachia）、中西部内陆地区（Interior）和西部地区（West），如图 7-2 所示。相应的煤炭产区划分说明见表 7-3。

图 7-2 美国三大煤炭产区的地理位置

资料来源：Höök and Aleklett，2009

表 7-3 美国煤炭产区划分表

煤炭产区	煤田地区	所在州
东部阿巴拉契亚 Appalachia	阿巴拉契亚北部（Northern Appalachia）	宾夕法尼亚州、马里兰州、俄亥俄州、西弗吉尼亚州北部
	阿巴拉契亚中部（Central Appalachia）	肯塔基州东部、弗吉尼亚州、西弗吉尼亚州南部
	阿巴拉契亚南部（Southern Appalachia）	亚拉巴马州、田纳西州
中西部内陆 Interior	伊利诺伊盆地（Illinois Basin）	肯塔基州西部、伊利诺伊州、印第安纳州
	墨西哥湾褐煤（Gulf Coast Lignite）	得克萨斯州、路易斯安那州、密西西比州
	其他西部内陆（other western interior）	艾奥瓦州、阿肯色州、俄克拉荷马州、密苏里州、堪萨斯州
西部 West	粉河盆地（Powder River Basin）	怀俄明州、蒙大拿州
	北达科他褐煤（North Dakota Lignite）	北达科他州
	西南（Southwest）	亚利桑那州、新墨西哥州
	落基山脉（Rockies）	科罗拉多州、犹他州
	西北（Northwest）	阿拉斯加州、华盛顿州

资料来源：Höök and Aleklett，2009；Energy Information Administration，2009

对比我国煤炭资源的分布特征，美国煤炭资源同样呈"西多东少"的分布格局。2009 年年末，美国的煤炭资源储量为 4424.3 亿 t（Energy Information Administration，2009）。如果单以煤炭资源储量计，美国的煤炭资源至少可满足 400 年以上的使用需求。按照区域分布情况来看（图 7-3），东部阿巴拉契亚地区、中西部内陆地区和西部地区的煤炭资源储量分别为 903.6 亿 t、1422.5 亿 t、2097.4 亿 t。东部阿巴拉契亚地区、中西部内陆地区和西部地区在探明储量中所占百分比分别为 20.4%、32.2% 和 47.4%。西部地区的煤炭资源储量最大。从地理分布上看，虽然在 50 个州中有 38 个发现了煤炭，但煤炭储量集中在科罗拉多、伊利诺伊、蒙大拿、宾夕法尼亚、俄亥俄、西弗吉尼亚、怀俄明和肯塔基 8 个州，这 8 个州的煤炭储量约占全美的 80% 以上。以 2009 年探明储量为例，西部地区的蒙大拿州拥有全国 24.4% 的探明储量；中西部内陆地区的伊利诺伊州位居第二，占 21.4%；西部地区的怀俄明州列第三，占 12.7%。若以密西西比河为界划分，西部较东部煤炭资源丰富，西部和东部分别占煤炭资源总量的 52.3% 和 47.7%。

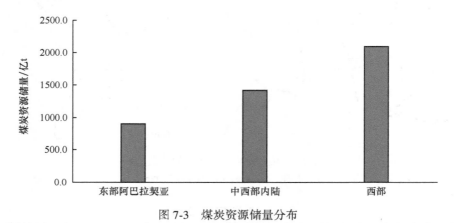

图 7-3　煤炭资源储量分布

按照探明可采煤炭资源储量（美国煤炭资源储量中的探明可采部分，相当于本书第 2 章中的我国煤炭资源经济可采储量）计，美国可采煤炭储量为 2363 亿 t。换言之，以目前 10 亿 t 左右的消耗速度，这些煤炭资源可供使用近 240 年。从区域来看（图 7-4），

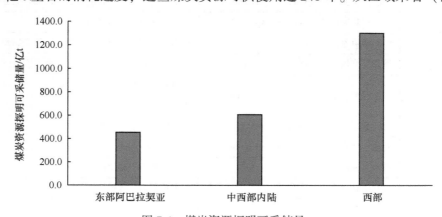

图 7-4　煤炭资源探明可采储量

东部阿巴拉契亚地区、中西部内陆地区和西部地区分别贡献 454.5 亿 t、609.6 亿 t 和 1299.7 亿 t，在可采总储量中所占百分比分别为 19.2%、25.8% 和 55.0%。西部地区的可采煤炭资源储量远高于东部和中部地区，而东部地区可采煤炭资源储量仅为西部地区可采煤炭资源储量的 35%。西部的蒙大拿州拥有全美最多的可采煤炭资源储量，占全美总量的 28.7%；其次为怀俄明州（14.9%）、伊利诺伊州（14.6%）、西弗吉尼亚州（6.7%）、肯塔基州（5.6%）。目前，美国在产矿井所拥有的可采储量在美国可采总量中所占的比例很小，在产矿井的可采储量占美国相应可采总量的 6.7%。

7.2.3　煤炭煤类

根据煤炭等级的不同，美国的煤炭资源划分为 4 类，即无烟煤、烟煤、次烟煤和褐煤。褐煤的煤级最低，质地松软，水分和灰分含量高，因而热值较低，通常用于发电。次烟煤（又称亚烟煤）也是一种软煤，但与褐煤相比水分和灰分含量较低而热值较高，也常用于发电。烟煤是一种高煤级煤炭，具有高热值、低水分和低灰分的特点，其质地要硬于较低级煤；它经常用于发电和炼钢。无烟煤的煤级最高，具有很高热值，水分极少，其质地很硬，有光泽；可用于民用或商业取暖，也可在工业生产中与其他煤炭混合使用。

我国炼焦煤产区集中在中东部山西、山东、安徽等地，而中西部内蒙古、陕西、新疆是目前我国主要的动力煤产区。对比我国的煤炭煤类分布特征，美国东部炼焦煤为主，西部多产动力煤。从具体煤类情况来看（图 7-5），无烟煤、烟煤、次烟煤和褐煤在美国煤炭资源储量中所占的比例分别为 1.5%、53.1%、36.6% 和 8.8%。无烟煤的分布区域仅限于东部阿巴拉契亚地区（主要集中在宾夕法尼亚州），中西部内陆地区有很少量的分布；阿巴拉契亚地区的无烟煤储量为 67.1 亿 t，而中西部内陆地区仅为 0.9 亿 t。烟煤主要分布于阿巴拉契亚地区和中西部内陆地区，这两个地区的烟煤储量分别为 827.4 亿 t 和 1307.3 亿 t，分别占美国烟煤总储量的 35.2% 和 55.7%。次烟煤几乎全部限于西部地区，储量为 1617.5 亿 t。褐煤丰富的区域主要位于西部地区和中西部内陆地区，储量分别为 265.8 亿 t 和 115.2 亿 t（Energy Information Administration，2009，2011a）。

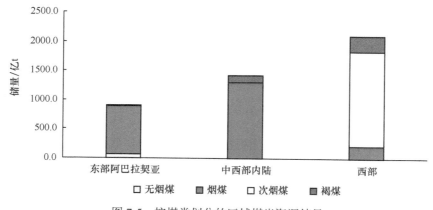

图 7-5　按煤类划分的区域煤炭资源储量

具体来看，阿巴拉契亚地区位于东部阿巴拉契亚山脉地区，从宾夕法尼亚州延伸到阿拉巴马州，在狭长的煤地带中主要是古生代的烟煤，还有部分无烟煤。阿巴拉契亚地区几乎蕴藏美国所有的无烟煤和超过35%的可开发的烟煤储量。美国最大的炼焦煤储量即位于该区域的宾夕法尼亚州中部和西弗吉尼亚州。

中西部内陆地区以烟煤为主，可分为东、西两个地带，东部地带是分布于伊利诺伊州、印第安纳州和肯塔基州的东部大煤田；西部地带是艾奥瓦州、堪萨斯州的西部煤田。得克萨斯州和墨西哥湾平原带蕴藏巨大的新生代褐煤，它包括得克萨斯州南部到得克萨斯–墨西哥边界、路易斯安那州，东到密西西比州中部至亚拉巴马州。由于硫含量较高，伊利诺伊盆地的煤炭资源开发被其他地区的低硫煤开采所取代。中西部内陆区域是目前最小的煤炭生产区域。

西部地区包括北方大平原地区、落基山地区、太平洋沿岸地区和阿拉斯加地区。北部大平原地区包括两个煤田，一个是横跨北达科他州西半部、蒙大拿州东部和南达科他州西北部的褐煤煤田；另一个是横跨蒙大拿州和怀俄明州东北部的烟煤煤田。落基山地区煤种多样，以烟煤为主，含煤地层分布于新墨西哥州中部和南部。太平洋沿岸地区煤田主要分布于华盛顿州、俄勒冈州、加利福尼亚州和内华达州，煤炭为次烟煤和烟煤。阿拉斯加地区煤田主要分布在该地区的北部，煤种齐全，从褐煤到无烟煤都有。

如图7-6所示，若以密西西比河为界划分，东部以烟煤为主，西部以次烟煤为主。总体来看，东部多优质炼焦煤和无烟煤，热值较高，灰分低，不过含硫量高（2%~3%）；西部煤质相对较差，多为次烟煤和褐煤，热值低，但含硫量较低（1%左右），为优质动力煤。美国适于炼焦的煤炭资源较为丰富，约占探明储量的35%，但低挥发分烟煤储量有限。炼焦煤的主要产地在东部阿巴拉契亚地区。

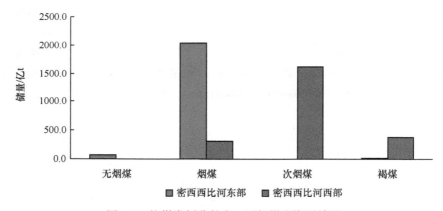

图7-6 按煤类划分的东、西部煤炭资源储量

如图7-7所示，西部地区是迄今为止产量最多的煤炭产区，提供少量褐煤，但大部分煤炭为次烟煤和烟煤。2009年西部地区生产了美国所有的次烟煤，而东部阿巴拉契亚地区的烟煤产量占美国烟煤总产量的68.9%。如果以密西西比河为界直接按照东、西部划分（图7-8），东部的烟煤产量占全美烟煤总产量的89.6%，无烟煤全部在东部，而次烟煤生产仅限于西部。

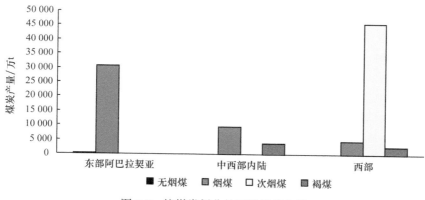

图 7-7 按煤类划分的区域煤炭产量

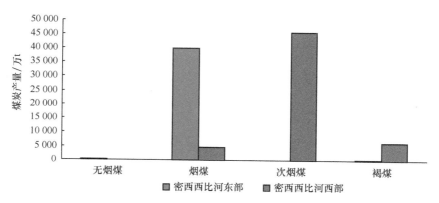

图 7-8 按煤类划分的东、西部煤炭产量

7.2.4 开采条件

我国煤田地质条件总体上是南方复杂、北方简单,东部复杂、西部简单。对比我国的煤田地质条件,美国也是东部开发条件差,西部开发条件好。从煤炭资源储量来看(图 7-9),东部阿巴拉契亚地区适宜于井工开采和露天开采的资源储量分别为 662.2 亿 t 和 241.3 亿 t;中西部内陆地区适宜于井工开采和露天开采的资源储量分别为 1061.4 亿 t 和 361.1 亿 t;西部地区适宜于井工开采和露天开采的资源储量分别为 1293.6 亿 t 和 803.8 亿 t(Energy Information Administration,2009,2011a)。显然西部地区适宜于井工开采和露天开采的煤炭资源储量均最大,适宜于露天开采的资源储量是东部阿巴拉契亚地区适宜于露天开采资源储量的 3.33 倍。若以密西西比河为界划分,西部适宜露天开采的煤炭储量是东部的 2 倍以上(图 7-10)。

如果按照探明可采储量划分(图 7-11),将更突出西部地区的开发条件普遍较好,而东部较差。东部阿巴拉契亚地区主要赋存适宜于井工开采的煤炭,占该区域可采储量的 70.7%;而西部地区适宜于露天开采和井工开采的可采煤炭资源储量基本各占一半。总体来看,美国在产煤矿的井工和露天可采储量分别为 52.7 亿 t 和 105.9 亿 t,占美国相应可采总储量的 3.9% 和 10.4%。

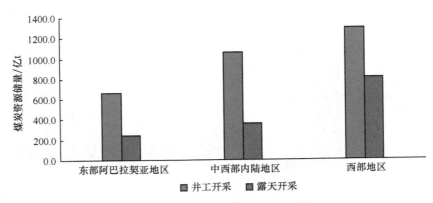

图 7-9　按开采条件划分的区域煤炭资源储量

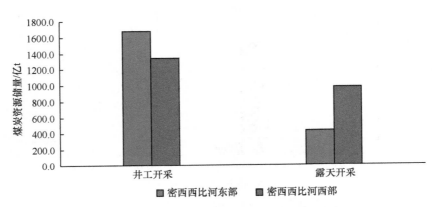

图 7-10　按开采条件划分的东、西部煤炭资源储量

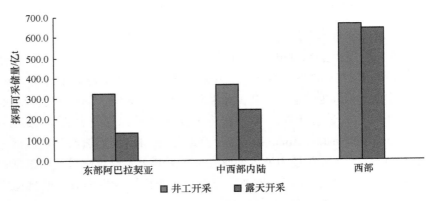

图 7-11　按开采条件划分的区域煤炭资源探明可采储量

　　进一步按照煤类划分（表 7-4），东部阿巴拉契亚的无烟煤适宜于井工开采和露天开采的资源储量差异不大；东部阿巴拉契亚地区和中西部内陆地区的烟煤资源主要适宜于井工开采，相应储量占烟煤总资源储量的 80% 左右。美国东部和中部内陆地区 80% 的煤炭经过洗选。煤炭经过洗选提质，一方面可以减少污染物含量，增加煤炭品质；另一

方面，使得煤炭价值升高，运输经济性更为突出。西部地区适宜于井工开采和露天开采的次烟煤储量分别占次烟煤总储量的 68.0% 和 32.0%，但目前主要开发的是适宜于露天开采的次烟煤资源。美国的褐煤几乎全部适宜于露天开采，主要集中在西部地区和中西部内陆地区。美国西部煤质较差的煤炭资源往往在运输之前就被加以预处理，如脱水，以增加煤炭的热值和运输经济性。

表 7-4　按开采条件和煤类划分的煤炭资源储量　　（单位：亿 t）

区域	无烟煤		烟煤		次烟煤		褐煤
	井工开采	露天开采	井工开采	露天开采	井工开采	露天开采	露天开采
阿巴拉契亚地区	36.3	30.8	626	201.4	—	—	10
中西部内陆地区	0.9	—	1060.5	246.8	—	—	115.2
西部地区	—	—	193.2	20.9	1099.5	518.0	265.8
美国总计	37.2	30.8	1879.7	468.1	1099.5	518.0	390.1
密西西比河东部	36.3	30.8	1643.8	390.1	—	—	10.0
密西西比河西部	0.9	—	236.8	78.0	1099.5	518.0	380.1

注：由于独立核算的原因，美国东西部资源储量总和与美国总计的数值略有差异。

资料来源：Energy Information Administration，2009，2011a

　　美国西部煤田的煤层厚、埋藏浅、储量大，开采成本和矿建投资低，适宜建设特大型露天矿和发展高产高效长壁综采矿井。因此，这一地区煤炭工业得以迅速发展。图 7-12 为 2009 年东部阿巴拉契亚地区、中西部内陆地区和西部地区煤炭产量情况。美国的西部地区是目前主要的煤炭产区，产量为 5.3 亿 t，占全美煤炭开采总产量的 54.6%。西部地区煤炭生产主要依靠露天开采，其产量占美国露天开采煤炭产量的 71.6%。与之相对应的是，东部阿巴拉契亚地区虽然煤炭总产量仅占美国总开采量的 31.8%（3.1 亿 t），但是其井工开采最为突出，贡献美国井工开采煤炭总产量的 63.2%。以密西西比河为界的东部和西部的煤炭产量分别占美国煤炭总产量的 41.7% 和 58.3%；东部以井工开采为主，而西部的露天开采最为突出，如图 7-13 所示。

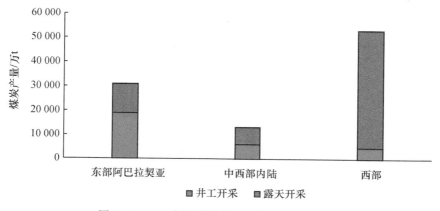

图 7-12　2009 年美国煤炭生产的区域分布情况

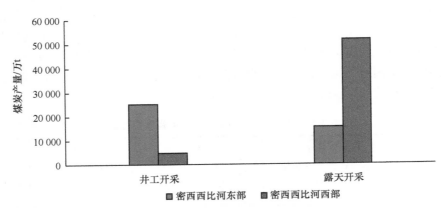

图 7-13　2009 年美国东、西部煤炭产量情况

7.3　美国煤炭资源开发的西移进程

7.3.1　东部阿巴拉契亚地区

美国的煤炭资源开发是从东部阿巴拉契亚产煤区起步的（图 7-14）。19 世纪以来，这里是美国经济最先发展的地区，很早就建立了像钢都匹兹堡这样的现代化工业基地，有着旺盛的煤炭需求。在 19 世纪晚期至 20 世纪初，该地区铺设了多条通往煤炭产区的铁路；而且由于河流众多，通航水道达 3 万 km 以上，为东部煤炭资源的开发利用提供了便利的运输条件。该区所产原煤灰分不高，平均约为 14%，可选性好，但硫分较高。在阿巴拉契亚煤田 900m 以浅的储量中，硫分在 0.7% 以下的低硫煤仅占 11%。因此，低硫煤增产困难是限制这一地区煤炭产量提高的主要障碍之一。

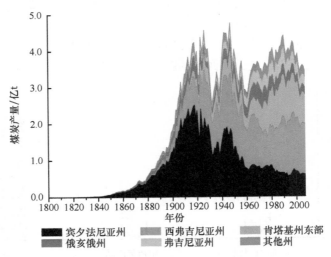

图 7-14　阿巴拉契亚地区的历年煤炭生产情况

资料来源：Höök and Aleklett，2009

近 20 年来，阿巴拉契亚地区多数州的煤炭生产普遍呈下滑趋势，仅有少数州的煤炭产量保持平稳。阿巴拉契亚地区历史上最重要的煤炭生产州——宾夕法尼亚州的煤炭生产峰值出现于 1917 年，此后不断下降。西弗吉尼亚州和肯塔基州东部是目前阿巴拉契亚地区主要的煤炭生产地区。马里兰州和田纳西州的煤炭产量也已经很低，而佐治亚州已无煤炭生产。俄亥俄州和宾夕法尼亚州的煤炭产量早已过了高峰期。宾夕法尼亚州、弗吉尼亚州、肯塔基州东部煤炭产量一直在下降，但西弗吉尼亚州例外。由于开发历史较长的老矿都优先采掘较厚和较容易开采的煤层，优质易采的煤炭资源已经开采完毕，余下那些更劣质的煤层，开采难度更大，目前很难进一步增产。尽管该区许多州的煤炭产量普遍长期下滑，但全区的煤炭产量自 1979 年以来在电煤高需求的推动下曾经有所回升，20 世纪 90 年代以来才开始不断下降。如今，阿巴拉契亚地区的煤炭开采已进入资源寿命期的成熟阶段，大多数州生产水平较低和可开采储量较少，许多州已步入产量衰退期。另外，由于该区西部煤炭含硫较高，这种煤炭的燃烧产生严重空气污染，早就被限制使用，因而产量加剧下降。总之，随着主要煤床开采完毕，东部地区煤炭资源的耗竭和开采难度的增加都将引起生产成本的增加，只要逐渐缺乏优质煤层可采，在不远的将来就将面临产量萎缩甚至枯竭（Milici，2000）。这一进程或者几年或者数十年，这将取决于技术以及经济条件的发展。

7.3.2 中西部内陆地区

19 世纪 50 年代以来，中西部内陆地区开始了煤炭生产。中西部内陆地区包括了内陆和墨西哥湾沿岸两个含煤区，共有 10 个州产煤，其中最重要的煤炭生产地区为伊利诺伊州、印第安纳州、肯塔基州西部和得克萨斯州（图 7-15）。该产煤区因靠近东部工业基地，煤炭资源开发起步也相对较早，所产煤炭主要供就近电厂发电，产销结合较好。中西部内陆地区的煤炭生产历史上主要由伊利诺伊州所主导，因为该州的煤炭资源

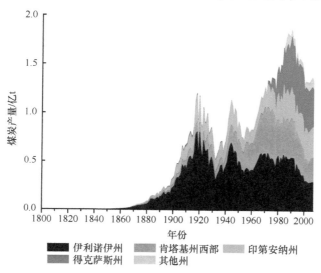

图 7-15 中西部内陆地区的历年煤炭生产情况

资料来源：Höök and Aleklett，2009

储量最大且生产水平最高。但是第二次世界大战以后，煤炭生产格局逐渐发生变化。20世纪70年代发生的世界性石油危机曾使该区发电用煤需求猛增，因而内陆含煤区伊利诺伊盆地煤田的高硫煤和墨西哥湾沿岸含煤区得克萨斯州的褐煤都曾得到迅速开发。但随着美国环境法规的不断推出，特别是1990年《清洁空气法修正案》的实施，伊利诺伊盆地的高硫煤生产受到抑制，导致该地区产量不断下滑。

总体来看，伊利诺伊盆地的煤炭产量从20世纪90年代中期开始不断下降，目前仍处于缓慢下降过程中，保持较低的生产水平。该盆地所产煤炭在动力煤市场上的份额不断被西部产煤区粉河盆地产出的低硫次烟煤所取代。虽然伊利诺伊盆地的煤炭资源储量巨大，但是由于受美国环境法规对煤质的限制，从环保可采储量的意义上讲，伊利诺伊盆地增产潜力有限。内陆地区的煤炭资源开发一定程度上与阿巴拉契亚地区有着相类似的趋势。该地区煤炭生产的未来取决于排放管制标准和高硫煤清洁使用技术的发展程度。

7.3.3　西部地区

20世纪以前，西部地区几乎没有煤炭生产，主要是因为该地区煤炭的热值低以及离煤炭消费市场过于遥远。西部产煤区的大规模开采始于20世纪70年代初，明显晚于阿巴拉契亚地区和中西部内陆地区。如图7-16所示，20世纪70年代以来，西部地区的煤炭生产开始迅猛增加（粉河盆地1969年开始开发），主要源于开采成本低以及1970年《清洁空气法》和1977年《清洁空气法修正案》的实施所驱动的低硫煤需求。西部地区的低硫煤极具吸引力，已经被广泛作为高硫煤的替代来源或者与内陆地区高硫煤混合使用以满足空气质量标准。粉河盆地拥有美国最大比例的可采煤炭资源储量，开采条件优越，可以进行低成本的露天开采，而且煤炭含硫又很低，是目前美国最大的煤炭生产区域。

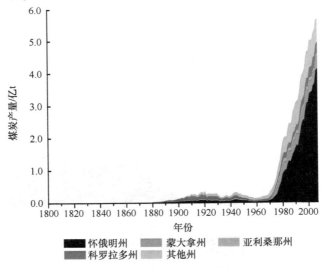

图 7-16　西部地区的历年煤炭生产情况

资料来源：Höök and Aleklett，2009

　　怀俄明州是这一区域占据主导地位的煤炭生产州，2007 年产量占该地区的 70%，且继续保持迅猛增长势头，该州有些煤矿的产量甚至超过了密西西比河以东的不少重要产煤州的煤炭产量。怀俄明州目前的煤炭产量占美国密西西比河以西煤炭产量的 80% 左右。西部地区其他州的开采水平普遍仍停留在较低水平，年产量低于 4000 万 t。尽管有些州如蒙大拿州的煤炭储量非常惊人，但其巨大的次烟煤和褐煤储量尚未得到全面开发，目前的产量仍停留在 3000 万 t。西部落基山含煤区的煤炭资源分布在多个山间盆地中，资源规模明显小于北部大平原，但两者的煤炭产量曲线却十分相似，即均以产量的快速增长为特征。根据落基山中南部的科罗拉多州、新墨西哥州和犹他州的统计数据，这 3 个州 1978 年的煤炭产量在 2000 万 t 上下，到 1998 年已接近 8000 万 t，2009 年的煤炭产量仍在 7000 万 t 左右。随着电力需求的不断增长，该地区的煤炭产量还会有一定增加。

　　总体来看，美国煤炭生产的重心不断西移，最显著的改变发生在 20 世纪 70 年代以后，即煤炭生产从传统的东部地下煤田向西部露天煤田的转移，美国煤炭资源开发的重点区域也由东部的阿巴拉契亚地区转移到西部怀俄明州的粉河盆地。对比美国各州 2009 年煤炭产量与其历史最高纪录可以发现（表 7-5），美国西部产煤区各州目前正处于煤炭资源开发的旺盛阶段，怀俄明州、蒙大拿州、科罗拉多州、北达科他州等地的最高产煤纪录均在 2000 年以后；东部阿巴拉契亚地区的宾夕法尼亚州、中西部内陆地区的伊利诺伊州的历史最高纪录甚至还停留在 1918 年。肯塔基州、得克萨斯州、亚拉巴马州等地的最高产煤纪录发生在 1990 年，这与 1990 年《清洁空气法修正案》的实施有一定关联。上述结果也从另一方面印证了美国煤炭资源开发从东部阿巴拉契亚地区向西部地区演变的过程，而且这一趋势还在继续。美国能源信息署预测，美国未来煤炭产量的增加将完全取决于西部产煤区的增产。西部产煤区将持续成为美国煤炭资源开发的重点区域。

表 7-5　美国各州和地区 2009 年煤炭产量和历史纪录对比情况

州和地区	2009 年产量/万 t	所占比例/%	历史最高纪录/万 t	历史纪录所在年份
怀俄明州	39 110.0	40.1	42 424.7	2008
西弗吉尼亚州	12 426.0	12.7	15 981.0	1947
肯塔基州	9 737.7	10.0	15 723.8	1990
宾夕法尼亚州	5 259.9	5.4	25 163.6	1918
蒙大拿州	3 582.2	3.7	3 936.3	2008
得克萨斯州	3 183.6	3.3	5 058.1	1990
印第安纳州	3 234.6	3.3	3 407.0	1984
伊利诺伊州	3 061.6	3.1	8 099.6	1918
科罗拉多州	2 564.4	2.6	3 617.0	2004
北达科他州	2 716.6	2.8	2 791.9	2003
俄亥俄州	2 494.9	2.6	5 021.4	1970
新墨西哥州	2 279.2	2.3	2 686.9	2001
弗吉尼亚州	1 921.0	2.0	4 256.3	1990
犹他州	1 970.3	2.0	2 495.4	1996
亚拉巴马州	1 705.2	1.7	2 633.6	1990

州和地区	2009 年产量/万 t	所占比例/%	历史最高纪录/万 t	历史纪录所在年份
亚利桑那州	678.0	0.7	1 197.8	1991
路易斯安那州	331.8	0.3	377.5	2005
马里兰州	209.1	0.2	502.0	1907
密西西比州	312.1	0.3	344.5	2006
田纳西州	181.1	0.2	1 021.5	1972
阿拉斯加州	168.7	0.2	158.3	1988
俄克拉荷马州	86.7	0.1	550.7	1978
密苏里州	41.0	*	610.8	1984
堪萨斯州	16.8	*	686.0	1918
阿肯色州	0.5	*	242.2	1907
华盛顿州	0.0	*	565.4	2003
美国总量	97 517.0	100	106 306.5	2008

注：总量包括回收量；＊指代煤炭产量所占比例小于 0.1%。

资料来源：Energy Information Administration，2011a

7.4 煤炭资源开发与美国西部地区社会经济发展

我国西部地区经济欠发达，东部地区经济条件优越。而历史上美国也是东部经济条件好，西部经济条件差。美国煤炭资源的开发极大地促进了西部地区的社会经济发展。美国东、西部划分一般以密西西比河东、西两侧为界。美国历史上的西部开发问题，其地理范围是从阿巴拉契亚山脉向西，延伸至太平洋沿岸各州（不包括阿拉斯加和夏威夷两个州）的泛中西部地区。西部地区包括蒙大拿、怀俄明、科罗拉多、新墨西哥、爱达荷、犹他、亚利桑那、内华达、华盛顿、俄勒冈、加利福尼亚、阿拉斯加和夏威夷共计13 个州。

美国西部地理位置优越，自然资源丰富，具有天然优势，这是美国西部开发能够取得巨大成功的主要因素之一。从土地资源来看，美国西部可耕地比率非常高，占其本土面积的 40%；而且，美国西部的农业条件极为优越，日照充足，雨量适中，土质肥沃，非常适合农作物的生长。从水力资源来看，美国西部有大小河流 145 条，水力资源十分丰富。从矿产资源来看，美国西部拥有大量近代工业所必需的煤、铁等资源。除此之外，金、银、铜、锌等其他各类矿藏在西部的储量也极为丰富。

美国密西西比河以西的西部地区也是少数民族集中分布的地区。美国印第安和阿拉斯加土著人等少数民族部落主要分布在新墨西哥州、亚利桑那州、俄克拉荷马州、蒙大拿州、北达科他州和南达科他州等地。西部地区是印第安和阿拉斯加土著人分布最集中的区域（图 7-17），以 2000 年计，西部地区的印第安和阿拉斯加土著人的人口数占全美印第安和阿拉斯加土著人总人口数的 42.9%。

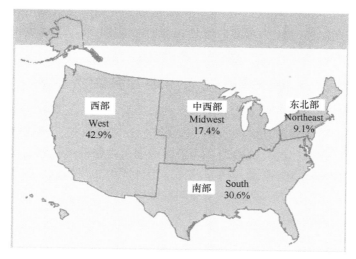

图 7-17　美国 2000 年印第安和阿拉斯加土著人人口的区域构成情况

资料来源：Wikipedia，2011

7.4.1　煤炭资源开发与美国 19 世纪西部大开发

美国历史上"由东向西"的发展过程中，东部煤炭资源的开发对 19 世纪和 20 世纪的美国西部大开发起到了巨大的推动作用（巴巴拉·弗里兹，2005）。1830 年以后，随着铁路的修建，美国的煤炭工业开始得到真正的大发展。当时的铁路是由燃煤驱动的，当然其最重要的目的是用来运输煤炭。煤炭的大规模运输有效促进了能源密集型工业的快速发展。铁路的发展也促进了钢铁工业的扩张。无烟煤田的开采和制铁工业的现代化，带来了 1835~1855 年美国许多制造业和采矿业的急剧增产。美国北方工业集中，主要依靠燃煤的工厂而发展起来；南方则主要依靠农业，特别是以雇佣奴隶的种植园经济为主。1860 年之前，美国东北部的经济在煤的推动下蓬勃发展起来，这进一步加剧了北方和南方在政治和经济上的分歧。先进的工业最终保证了联邦政府在南北战争中的胜利。与南方相比，北方在工业上拥有绝对的优势：工业产品产量是南方的 10 倍；铁储量是南方的 15 倍，而其产量是南方的 32 倍。更重要的是，北方的煤产量是南方的 38 倍。美国南北战争之后，北方的工业者已把注意力转移到西部，通过铁路一直延伸到太平洋，把整个国家完全用铁的纽带连接起来；轨道是因煤而修建，用于运输的火车是以煤为动力的，而且，给予他们经济支持的是一个依靠煤起家的帝国。南北战争之前的西部大开发以四轮马车为主要交通工具，而之后的铁路交通发展极大地促进了殖民者们的迅速西进。有了铁路，他们可以大肆开辟牧场和农庄，因为过剩的产品可以通过铁路运往东部的城市市场。虽然在东部实现工业化之前，美国人就已经开始了西进运动，但是东部坚实的工业化基础，则大大加速了这一过程。在 19 世纪美国西部大开发的过程中，除少数州以外，矿业经济发展是带动美国西部大开发的主要方式（张友伦，2005）。远西部太平洋沿岸到落基山脉地区成为矿业边疆，西部丰富的矿业资源的开采既为美国工业的发展提供了必不可少的原材料，也极大地刺激了农业、商业、金融业和交通运输业的发展，促进了西部城镇的兴起。横贯大陆的铁路事业的发展，又加速了大平原和落基山地区的开拓进程。1869~1893 年，美国先后建成了 5 条横贯大陆的铁路线。这些铁路干线及其支线就像血脉一样从东部心脏地区延伸向中西部、西南部和远西部的各个角落，从而使美国本土真正成为一个统一的大市场。

7.4.2　西部煤炭资源开发与当地社会经济发展

西部地区重要产煤州包括亚利桑那州、科罗拉多州、蒙大拿州、新墨西哥州、北达科他州、犹他州、华盛顿州和怀俄明州。20 世纪 70 年代以来，美国西部煤炭产量稳步增长，主要产自怀俄明州的粉河盆地。西部煤炭通过铁路被运送到东部和中部地区的电厂，较低的生产成本和硫分含量使得其获得远至佛罗里达州的电厂的青睐。

西部煤炭资源的开发，首先服务于西部地区的能源需求。煤炭已经成为西部内陆地区最重要的能源资源。如今，丰富的煤炭资源给当地带来廉价的能源，西部地区近 70% 的电力来自于燃煤发电。2009 年，燃煤发电成本仅为天然气发电成本的 60%。基于美国平均用电量，每个美国人每天大约消费 9kg 煤炭。平均下来，美国人支付的煤电价格大约为 6 美分/（kW·h）（全球工业化国家中最低的电费之一）。

煤炭资源开发也是西部产煤州重要的经济来源（Headwaters Economics，2011）。煤炭在西部产煤州地方经济中扮演着重要角色，高薪的采煤工作提供许多家庭日常生活开支的来源。由采矿工业缴纳给各州和地方政府的税收和其他费用支持了社区学校、医院和交通等基础设施建设。低成本的煤电帮助小商业发展，使得美国一些制造业部门始终保持竞争力。西部产煤州从煤炭开采和关联工业的发展中大量获益，并持续至今。在一些产煤地区，煤炭企业缴纳了大量税收给州和各级地方政府；对于地方政府来说，仅缺失煤炭企业所缴纳的财产税收入一项，可能都是致命的。例如，如果没有煤炭资源开发，作为一个位于美国边疆的西部州，怀俄明州的经济发展是不可能被迅速带动的。2000 年，怀俄明州开采税的 30.3%、财产税的 20.0%、联邦矿产特许开采税的 36.9%、联邦矿产红利转移支付的 68.5%、州特许开采税的 13.9%、州租金的 1.5% 以及生产税的 30.3% 均来自于该州的煤炭工业。如今，煤炭依然是怀俄明州主要的经济来源。一些印第安部落也以相似的方式从当地煤炭工业发展中获益。根据皮博迪能源公司（Peabody Energy）的估计，亚利桑那州纳瓦霍人部落（Navajo，美国最大的印第安部落）和霍皮人部落（Hopi，美国亚利桑那州东南部印第安村庄居民）在煤炭生产方面获得的财政收入分别占纳瓦霍人部落政府和霍皮人部落政府总预算的 21% 和 65%。

西部地区的煤炭生产除了对当地政府财政产生直接贡献以外，还在提供就业、增加个人收入、活跃关联经济等多个方面，产生了重要的社会经济影响。煤炭生产为西部采煤州的美国人提供稳定、高薪的工作机会。煤炭生产也间接地为那些与煤炭工业关联的重型机械制造业、机械设备零部件和组件生产行业、煤电行业以及技术和工程支持行业的从业人员提供持续的就业机会。为了开发粉河盆地的煤炭资源并将煤炭运送至美国中东部地区的消费市场，西部煤炭工业在基础设施建设方面投入了巨额资金，极大地改善了当地基础设施条件。煤炭还是西部一些农村的经济命脉。因为煤炭不是来自于充满经济活力的城市中心，而是来自于农村地区。农村地区的经济机会经常受到制约，而煤炭行业为农村劳动力在采煤业就业和提高薪酬提供了大量机会。

美国西部与中国西部一个相似之处还在于，能源经济（包括煤炭、石油和天然气）

是西部地区地方经济发展的动力。美国西部最具代表性的 5 个能源生产州为科罗拉多州、蒙大拿州、新墨西哥州、犹他州和怀俄明州。上述 5 个最重要的能源生产州的能源产量位居美国各州的前列，具体数据见表 7-6。比较这 5 个州能源资源开发对当地社会经济的影响，可以基本反映能源资源开发（包括煤炭）与西部地区地方社会、经济的关系。仅以采矿业为例。采矿业（主要是能源资源开发）是西部 5 个州国民经济发展的重要产业（Headwaters Economics，2011）。在怀俄明州，采矿业的重要地位最为突出，甚至在金融危机的影响下，2009 年怀俄明州的采矿业仍然贡献该州 GDP 的 34%。新墨西哥州的采矿业在 GDP 方面的贡献比例相对较高，超过 10%（2008 年）。蒙大拿州和科罗拉多州的采矿业对 GDP 的贡献比较接近，均超过 4%。犹他州的采矿业在该州 GDP 中所占的比例较低，2009 年为 2.4%。随着西部煤炭产量的增长和煤炭价格的上升，西部地方政府从煤炭工业获得的财政收入还将不断增长，将有力地增强政府财政能力，用于公共管理与建设支出。

表 7-6 2008 年 5 个西部州的化石能源产量在美国的排位

西部州	煤炭产量排位	天然气产量排位	原油产量排位
科罗拉多	9	6	11
蒙大拿	5	18	10
新墨西哥	12	5	7
犹他	14	8	13
怀俄明	1	3	8

资料来源：Headwaters Economics，2011

能源资源开发在给各州带来经济影响和财政收入的同时，产生了积极的社会效益。仅从采矿业来看，2006 年，科罗拉多州采矿业（包含能源开发）贡献 1% 的就业人数和 2.2% 的个人总收入。在蒙大拿州，1.4% 的就业人数和 2.6% 的个人收入来自于采矿业。新墨西哥州的采矿业贡献 2.1% 的就业人数和 3.1% 的个人收入。在犹他州，0.7% 的就业人数和 1.4% 的个人收入来自于采矿业。相比之下，2006 年美国经济中采矿业提供的就业岗位和个人收入均低于 1%。怀俄明州在西部内陆地区中显得更为特别，该州社会经济高度依赖能源开发，2006 年采矿业贡献该州 7.8% 的总就业人数和 13.7% 的个人收入。2008 年，煤炭资源开发的就业人数在科罗拉多州、蒙大拿州、新墨西哥州、犹他州和怀俄明州采矿业的就业总人数中的比例分别为 9%、15%、10%、17% 和 24%。

7.5 美国煤炭资源开发西迁的原因探析及对中国的启示

7.5.1 资源分布与赋存条件

美国煤炭资源开发的"从东到西"演变首先是由煤炭资源条件所决定的（Energy Information Administration，2011b）。美国煤炭资源呈"西多东少"的分布格局。相对于阿巴拉契亚和中西部内陆产煤区，西部产煤区的资源优势十分突出。以怀俄明州、蒙大拿州、北达科他州等地为中心的西部产煤区不但资源潜力巨大，而且煤层厚度大，埋藏很浅，大多适合于大规模露天开采。资源开发的寿命期也有利于西部产煤区的发展壮大。从煤炭储量来看，东部和中西部内陆地区的煤炭开采已经达到比较成熟的状态，并呈衰竭的态势。西部地区的煤炭开采历史较短，除了怀俄明州正在大量开采的露天煤矿以外，该地区还有蒙大拿州等地所蕴藏的巨大煤炭资源储量。相对于分别在19世纪90年代和20世纪初就投入大规模开发并早已进入资源开发成熟阶段的阿巴拉契亚和中西部内陆产煤区，西部产煤区在20世纪70年代才有较大的煤炭产量，比前两者整整晚了七八十年，目前还处于资源开发的早期阶段，增产潜力依然巨大。因此，从资源接替的角度来看，美国煤炭开采向西部转移也是顺理成章的。

从开采条件来看，西部煤炭资源埋藏浅、厚度大、分布广等特点为大型采煤设备和高效采煤工艺技术的发展和普及提供了广阔舞台（Energy Information Administration，2011b）。西部地区从20世纪70年代投入大规模开采以来，这种规模优势就一直存在，而且越到后来优势越明显。这就决定了西部产煤区的煤矿生产率也要远远超过东部和中部，具有巨大的规模优势。只有像粉河盆地煤田这样的露天开采条件，才有可能采用大矿坑工艺、载重近千吨的卡车以及有近100个车皮的长途铁路运煤列车。设备和工艺技术的进步反过来又降低了成本，提高了生产率，从而进一步增强了西部煤炭的竞争优势。在激烈的价格竞争中，是市场无形之手不断将美国的煤矿经营者推向了西部地区富有效益的优质资源。资源特点—设备技术—竞争优势的这一良性互动关系一直在西部产煤区发挥作用。

7.5.2　法律法规约束

早从20世纪70年代开始，煤炭工业就已成为所有工业中监管最严格的工业之一。美国有着完善的法律体系，煤炭相关法律网覆盖了煤炭生产的各个环节，包括新的《煤矿安全与健康法修正案》、《清洁空气法》、《清洁水法》、《露天开采控制与复垦法》等（胡德胜，2010）。美国对于防治煤炭资源开发的生态影响问题，注重运用法律规范，有着严格、专业、配套的用于防范、治理和改善矿区生态的标准、法规以及技术措施；根据生态治理的不同对象运用多种不同手段，实施市场机制的基础性地位和政府的主导作用相结合。美国对于矿山复垦，运用的是缴纳保证金的制度。美国联邦政府与地方政府有机结合，既有联邦政府关于矿产开发的统一法规，也有各地不同的法规。各州可以根据实际情况制定相应政策，并建立严格、专业、配套的各级政府管理机构。围绕煤矿安全生产，美国先后制定了10多部法律，安全标准越来越高，其中最重要的是1977年的《联邦矿山安全与健康法》。这一法律的颁布实施，标志着美国煤矿生产走上事故低发的新阶段。露天煤矿的开采安全性好，更容易符合安全健康标准，一定程度上也促使煤炭工业转向西部露天煤矿开发。法律的有效实施也为生态补偿政策和相关行为人的权利保护提供了有力保障。

针对煤矿开发的环境影响，用于防范、治理和改善矿区生态的标准、法规以及技术措施的有效实施，为构建与生态环境相协调的资源开发体系提供了强有力的法律保障。为了解决燃煤造成的空气污染问题，美国国会先后通过1963年《清洁空气法》、1963年《空气质量法》、1970年《清洁空气法（延期）》、1977年《清洁空气法修正案》以及1990年《清洁空气法修正案》，以法律的形式明确对燃煤造成的空气污染问题的有效防治（约瑟夫·P. 托梅因和理查德·D. 卡达希，2008；胡德胜，2010）。1970 年实施的《清洁空气法》及其 1977 年和 1990 年的修正案提出了越来越严格的限制规定，促进了低硫产煤区（主要在西部）的煤炭资源开发，同时使采煤技术也发生了相应变化。《清洁空气法修正案》虽然为发电厂提供了达到 SO_2 排放标准的多种选择，包括在中硫煤中添加低硫煤、在燃烧前洗选煤炭以及为超标的 SO_2 购买排放指标，但是使用西部地区低硫煤仍然是最经济有效地达到排放标准的途径。开采成本很低的厚的露天低硫煤矿遍布于美国西部的怀俄明州、蒙大拿州和北达科他州等地区。因硫含量低而对环境较为有利的次烟煤和褐煤也多出产于西部各州。西部煤炭这一低硫品质所带来的环保优势在 20 世纪 70 年代以来得到了充分的发挥。西部煤炭产销两旺、价格上涨和用工稳定都来源于这一低硫品质。《清洁空气法修正案》的实施首先对煤炭消费需求向西部转移产生影响，随后导致煤炭生产和运输产生相应变革。

7.5.3 产业政策引导

美国的煤炭资源开发由东向西演变，绝不仅仅是资源导向的结果，而是很大程度上受美国政府多方位政策的引导。

1）能源政策。保证能源的充分供应是美国能源政策的首要目标。经历了 20 世纪 70 年代全球性的石油危机，美国政府一度考虑到煤炭储量丰富，曾主张采用煤炭替代石油，以降低对国外石油进口的依赖。国会于 1974 年通过了《能源供应和协调法》。该法授权当时的联邦能源署对发电厂和"主要的燃烧设备"实行以煤代油或天然气的计划。1978 年的《发电厂和工业燃油利用法》进一步修改了与煤炭替代相关的立法，禁止在新建电厂使用天然气，鼓励使用煤、核能和其他可替代性燃料。这些法律一定程度上鼓励开发西部煤炭资源，稳定东部煤炭开采规模，促进了美国 20 世纪 70 年代后期西部煤炭的大规模使用。21 世纪以来，鉴于国家安全是能源政策的一个重要目标，而煤炭行业受到恐怖袭击的可能性低于石油、天然气和核能，西部煤炭将继续在美国的能源经济中发挥稳定能源安全的基础作用。

2）交通政策。美国炼焦用煤集中在东部，动力煤在西部。美国西部产煤区的大部分煤炭需要长距离的铁路运输运送到中部和东部的消费电厂。20 世纪 70 年代之前，美国铁路运输经历了长期的亏损。政府对铁路行业的振兴颁布了一系列的法案，刺激了铁路行业的发展（Energy Information Administration，2011a）。1976 年，《铁路振兴和管制改革法案》充分地放松了美国铁路的管制，给予其更大的定价自由。1980 年，《斯泰格铁路法》颁布，使得铁路合同的保密合法化，同时助推铁路合并。铁路工业的放松管制使得铁路获得更大市场化和价格弹性。同时，铁路工业可以通过合并或者线路废弃实现重组。这两项政策导致铁路运费的下降，铁路开始和其他运输方式开展商业竞争。其对煤炭行业的具体影响表现在 3 个方面：①美国铁路运输业的集约化、市场化，让煤电用户在降低成本和改进服务方面受益的同时，也增加了对西部煤炭的选择。西部铁路公司投资大量设备和基础设施，为了使得南部和东部市场相信其用煤需求值得通过其他地区调入获得，以满足《清洁空气法修正案》的排放标准。②西部煤炭产量的增长，同时伴随着长距离煤炭输运循环直达列车的发展以及巨型西部露天煤矿带来的大规模经济开发。铁路系统终端对终端的并轨，更可靠地减少了不同线路之间的对接，减少了迂回线路的货运费用。铁路以其运力和长距离运输成本最优的特点，不断赢得运输市场份额。③铁路公司之间的竞争导致其与煤炭供应商之间签订长期合同，以减少运输成本，也为铁路运输行业提供了长期稳定的客户来源。由于西部运煤铁路直接服务于少数大煤矿，使得运煤成本相对较低。随着运输距离的增加，平均合同煤炭铁路运输价格反而降低。与 1979 年相比，2001 年煤炭总体运输距离增加了 64.2%，煤炭运输总体实际价格却下降 32.6%（Energy Information Administration，2011c）。

7.5.4　西部社会经济发展的需要

美国煤炭资源开发向西部纵深倾斜的一个重要原因是为带动西部地区经济发展。美国历史上的西部开发是超越农业开发阶段，以城镇为先导进行的。这是西部特定的历史条件和地理条件发展的必然结果，在边远地区有其合理性和必然性。就地理条件而言，西部远离美国经济中心，山地居多、交通不便，其自然经济又以矿产资源型为主，因此，既不宜立即发展大规模、多样性的城市经济，也不宜实行分散的渐进式农业垦殖，这就决定了西部城市化不可能走东部甚至中西部式的发展道路。西部的城市经济作为西部开发的先导和主体，自创建伊始，就在地区经济中发挥着主干作用：以大城市的优先、跳跃性发展，带动中小城市及整个地区经济发展；工商业并重，既吸引东部资金，利用其技术优势和劳动力资源，又因地制宜发展地方产业，尤其是采矿业。根据美国经济史百科全书的观点，19 世纪美国经济的优势主要在于"农产品和原材料的生产"。这恰恰道出了西部经济的重要地位和作用。西部并不是在简单重复东部城市化的老路，而是开辟了一条有自身矿业经济发展特色的边远地区城市化道路。20 世纪 70 年代以来，美国西部煤炭资源的大规模开发为当地社会经济的发展提供了稳定可靠的能源保障，特别是廉价充足的电力。美国长期的低电价（产煤区电价更低）很大程度上得益于丰富的煤炭资源供应。美国西部能源资源的开发也大大提高了地方政府的财政收入，改善了地方政府财政状况，从而有利于提升政府支付当地公共开支的能力。在美国，采矿业就业人员的收入远高于其他大部分行业，属于高薪酬的职业。在一些产煤区县，煤炭从业人员收入甚至是其整个家庭收入的主要来源。美国煤炭工业相关的间接就业人数甚至可以达到直接就业人数的 3 倍左右。近年来，美国人口持续保持着从东北部诸州向西部和南部诸州移动的趋势。西部对煤炭资源的需求不断增长，也在很大程度上不断刺激着西部煤炭资源的开发和煤炭工业的发展。

美国历史上东部经济条件好，西部经济条件差。美国西部边疆民族地区的停滞和落后，不仅严重阻碍了美国整个经济的发展，而且孕育着政治上的不安定。美国联邦政府通过多种渠道向西部倾注了大量的财力和物力，制定并实施了各种优惠政策和措施，以缩小地区之间的经济差别。20 世纪 70 年代全球能源危机以后，美国能源资源开发向西部战略纵深发展，矿业开发进一步成为带动西部社会经济发展的极佳方式（Western Resource Advocates，2011）。煤炭等能源资源的开发，一方面为当地提供了可靠、低价的能源，另一方面极大地促进了地区工业和社会经济的发展，为政府提供了稳定可靠的财政来源，提供了大量的就业机会，提升了当地薪酬和福利水平。迄今煤炭资源等矿产资源的开发仍然是怀俄明州、蒙大拿州等一些西部州社会经济发展的主要支柱产业。资源开发也在一定程度上维护了西部边疆民族地区的政治稳定。例如，在印第安部落土地上收取的与矿产资源开发相关的税收直接转移支付给当地部落政府，因而少数民族部落得到了完全的财政支配能力，充分分享了当地的发展成果。美国煤炭工业的西迁进程极大地促进了美国的西部大开发，从而既保证了国民经济的均衡发展，又保证了政治上的稳定。

7.5.5 对中国煤炭工业发展的启示

中国煤炭工业的发展需要了解国外煤炭资源开发情况，一定程度上可以借鉴国外的历史经验。从前述分析可以得出，美国煤炭资源呈"西多东少"的分布格局；煤炭资源开发演变格局为从东到西；炼焦用煤在东部，动力煤主要在西部；历史上东部经济条件好，西部经济条件差。这些都与中国非常相似。当前，我国煤炭资源开发正在经历战略西移的过程，美国煤炭资源开发可以作为中国煤炭工业发展的对比参照物。美国煤炭资源开发西迁对我国煤炭工业发展的启示可以概括如下。

（1）发挥资源优势，提高产业规模化水平

在我国中西部煤炭资源丰富的地区，同样有条件发挥资源优势，实现产业整体竞争力提升。根据我国煤炭工业发展规划，鼓励大型煤炭企业整合重组和上下游产业融合，提高产业集中度，形成大型煤炭企业集团，是国家鼓励煤炭产业集中、提高煤炭资源利用率和机械化程度的重要举措。在大型煤炭基地内，一个矿区原则上由一个主体开发，推进企业整合。这些措施均有利于加强我国煤炭工业的集中度。但我国煤矿规模、煤矿生产率与美国煤炭工业相比仍有巨大差距。对中小煤矿开展兼并重组，煤炭工业产业集中度、机械化程度高是美国煤炭工业发展的一大特点。我国鼓励由大型煤炭企业参与煤炭工业发展与美国煤炭工业长期形成的趋势相一致。重组煤炭大集团、整合煤炭资源、推动煤炭大基地建设等措施仍然是中国煤炭工业发展的必然趋势。因而，我国煤炭资源开发应继续实行集团化发展措施，着力形成有竞争力的大型煤炭企业或煤炭集团主导开发进程。企业规模化以后，有利于发挥资源优势，在采煤效率、煤矿安全、职业健康、环境保护、生态修复等各方面投入的力度更大，管理也更有成效，更为重视矿区的长期可持续开发。

（2）完善制度建设，规范资源可持续开发

生态环境条件严重制约着我国生态脆弱地区的煤炭资源开发。造成目前山西等地矿区生态环境恶化的根源，不单是煤矿开发及其规模本身，还有长期以来与煤矿开发配套的生态工程投入严重缺失或不足。因此，处理好我国煤矿的生态问题，关键是合理界定各类主体的各种行为权利，如污染权利的限制、行为人权利的交换等。美国煤炭开采成本（包括煤矿安全和健康成本、土地复垦成本）均由煤炭的购买者承担。目前我国这方面还普遍缺少经济应对机制和补偿机制，如类似于美国责任信托基金和处罚及补偿的机制。此外，我国在煤炭开采与利用各个环节的环境保护和煤矿安全与健康方面都存在很多问题，均可借鉴美国的相关立法与执行经验。将资源稀缺性、煤矿可持续发展、煤矿转产、矿区环境治理等费用纳入煤炭生产成本计算中来，才能体现煤炭资源的真正价值。

（3） 加强政策引导，促进资源开发重心西移

煤炭是重要的战略性资源，是我国能源安全的基石。东部地区是我国经济发达地区，煤炭资源消耗大，但煤炭资源赋存条件差，资源规模小。目前东部省份浅部煤炭资源逐渐消耗殆尽，后备性资源存在接替问题。按照目前的开发布局发展，东部煤炭资源将很快枯竭，余下的均是近期不适宜开发或难以开发的煤炭资源，这对维护东部煤炭资源供需稳定很不利。因而，出台政策引导煤炭资源开发逐步向西部转移也是保障我国国家能源安全的需要。我国诸多产煤区的煤炭资源开发也存在煤质问题。以高硫煤为例，我国炼焦煤硫分普遍较高，其中约有50%的肥煤、焦煤和瘦煤为高硫煤，约有30%的炼焦煤是高硫、高灰煤。我国西部煤炭资源开发同样需要高度重视环境政策的导向对煤炭资源开发的影响。

借鉴美国的经验，我国西部煤炭资源的开发首先需要解决远距离交通运输的问题。完备、发达、充满竞争力的交通运输网体系，是使得西部煤炭资源能以具有高度竞争力的价格夺得中、东部市场的关键，这需要政府出台相应产业政策对铁路运输加以支持。我国煤炭工业的发展也需要重视煤炭资源开发的全产业链互动对煤炭资源开发的影响，建立煤炭生产、运输和发电企业的长期合同关系是维持稳定的煤电业务格局的关键，应实施产煤、运输、发电一体化。我国新疆等西部地区的煤炭资源开发首先要改善当地交通运输条件，鼓励大型运输企业、煤炭企业联合投资采矿、洗选煤、运煤等基础设施建设，着力解决煤炭运输的配套能力。

（4） 通过煤炭带动西部社会经济发展，维护边疆民族地区政治稳定

我国西部正在进行大规模的煤炭资源开发，通过煤炭资源开发带动西部城市化建设，发展区域社会经济，值得借鉴美国的历史经验。通过煤炭资源开发带动西部社会经济发展，是历史上美国西部地区经济崛起的重要原因。结合美国的历史经验，我国西部煤炭资源开发需要注重服务于当地经济建设，充分融入当地社会发展。国家以及各级地方政府在煤炭资源开发布局上应统筹规划，对西部煤炭资源实施优化配置。在着力加强西部煤炭运输能力开发的同时，可以把资金和技术集中投入西部煤炭资源的勘探开发方面，利用煤炭工业跨越性发展的机会，加快新疆等西部地区的开发，促进当地经济发展。我国新疆煤炭产业要改变现有企业规模小、实力有限、只能借助外力的局面，鼓励内地大型煤炭企业进驻新疆。有序、有效开采是现阶段新疆煤炭资源开发比较可行的路径。鉴于新疆脆弱的生态环境，新疆发展煤炭工业，应该吸取传统煤炭工业的经验教训，一开始就力争走上循环经济、可持续的煤炭工业发展道路。

值得指出的是，美国西北部蒙大拿州、怀俄明州、北达科他州、南达科他州、亚利桑那州、新墨西哥州等产煤州均是印第安部落的集中区，在大规模开发以前经济条件很差、政治上不稳定，与中国新疆的状况极为相似。加快新疆等边疆民族地区的发展既是国家实施西部大开发战略的重要组成部分，也是中央实施"稳疆兴疆、富民固边"战略的必然要求。随着我国西部特别是新疆等地区能源资源的勘探开发，需要提前审视煤炭资源开发对西部边疆民族地区的社会影响，提出适当合理的开发策略与政策，保障少数民族的权益和利益，综合考虑煤炭资源开发对当地政治、经济、社会、

环境的促进作用。我国新疆等民族地区煤炭资源的开发应积极考虑扩大当地的就业能力，提高当地从业人员的个人收入，更多将配套产业引入产煤所在地，积极扩大煤炭资源开发的社会、经济效益。对西部煤炭进行开发的过程中，要看到煤炭资源开发对当地社会、经济的带动作用，更多地让少数民族享受到煤炭资源开发带来的经济实惠，助力边疆民族地区的政治稳定。

第8章 | 中国煤炭资源勘查发展趋势与关键技术方向

8.1 中国煤炭地质勘查发展背景

中国煤田地质的一个显著特点就是聚煤盆地构造类型和成煤模式多样化，煤系后期改造明显，从而导致煤炭资源种类较多、煤质优劣不均、煤层赋存条件复杂。与世界各主要产煤国相比，我国煤炭资源赋存规律、开采地质条件相对复杂，勘查难度较大。随着我国煤炭资源勘查事业的发展，煤炭资源勘查工作重点已经转向在继续加强东部伸展型煤田与矿区深部构造找煤研究的同时，加强中西部恶劣自然条件下煤炭资源勘查和大型煤炭基地煤矿安全生产保障勘查、矿区环境监测与治理地质勘查、煤层气和新的洁净能源勘查等工作，力求建立和完善不同类型资源、不同地质和自然条件下的资源评价体系和综合勘查模式（徐水师等，2011；王佟等，2013）。

然而，我国煤炭资源勘查技术发展仍然面临以下几个难题。

1）由于东部浅层煤炭资源枯竭，使其深层勘查、开采成为一个重点问题。我国东部浅层煤炭资源开采殆尽，而深层煤炭资源储量相对丰富，因此，深部资源勘查成为今后东部煤炭资源勘查的一个重点。东部深部煤炭资源勘查面临着很多地质问题：第一，用什么技术手段来快速查明巨厚新生界覆盖区下煤炭资源的分布与赋存状态；第二，煤层埋深大，存在着地应力大、温度高、瓦斯高、构造复杂等特殊地质条件，如何提高勘探精度。现有的勘探技术手段和探测成果往往与采掘揭露的情况有较大出入，地质灾害预测和防治技术尚不能很好地满足深部矿井生产需要，地质保障系统建设仍然很薄弱。

2）常规勘查手段勘查能力和精度急待提高，多方法综合勘查技术信息化协同能力不足。高产、高效矿井建设以丰富的资源优势、可靠的开采地质条件和先进的采煤设备为前提。随着煤矿生产机械化、集中化水平的提高，生产能力与规模的不断扩大，矿井生产对地质条件的查明程度提出了更新、更高的要求。因此，无论是深部资源勘查还是浅部生产矿井补充勘探，精细查明影响矿井生产的主要地质因素是解决采掘方式与地质条件之间彼此适应问题的关键。要完成这一重任，传统的方法显得无能为力，人们将目光聚焦到物探手段上。实际上，矿井开采地质条件具有隐蔽性、多变性和随机性特点，每种物探技术都有自己的适用条件和解决问题能力。高分辨率三维地震勘探效果除受地震地质条件影响外，在目的层反射波能量和高频成分衰减快的情况下如何增大信噪比和分辨率、在信号接收排列长度大造成反射点离散距和第一菲涅尔带半径过大情况下如何增强横向分辨率、在钻探和测井资料较少的情况下如何提高反射波时间场转变成目的层深度场的精度等技术难题，影响了地震勘探结果的准确性和可靠性。因此，物探技术与其他技术结合将成为一个重要的研究方向。

3）资源勘查与矿井建设、安全开采和环境保护等的一体化地质保障程度不够。煤炭勘查的目的是为了煤炭资源能够得到合理有效的开发，既要考虑资源量，又要考虑矿井建设以及多种矿产开发情况和对于环境的影响力，实际上是一种四位一体的综合模式。然而目前从事勘探开发的诸多企业，以实现原煤商业利益最大化为目的，在矿权上是分割的，在地域和利益上也是独立的，以致各自为政，各行其是，影响了四位一体化进程。

煤炭地质勘查肩负着为国家经济发展提供能源的重任，选择与煤田地质条件相适应的勘探技术手段是寻找和查明煤炭资源/储量、煤矿开采地质条件与工程技术条件，保障矿井安全高效生产，以及资源开发利用效益最佳化的关键。因此，总结我国煤炭地质勘查现状，分析我国煤炭地质勘查前沿问题，建立立体的信息化的煤炭地质综合勘查体系，对于加快煤炭资源勘查步伐、提高能源保障程度、确保能源供应安全具有十分重要的意义。

8.2　煤炭资源勘查技术方向

我国煤炭地质勘查虽然研究较多，但是由于手段多样化、技术的差异性、区域地质条件不均性以及实际操作的差别造成了以上存在的难题。综合分析来看，我国煤炭地质勘查技术将在以下几个方向发展（王佟等，2013）。

（1）自然条件恶劣地区、煤炭地质勘查空白区的找煤与评价技术

我国中西部地区煤炭资源丰富，多为干旱、半干旱地区，尤其是西北地区，水资源短缺、生态环境脆弱；西南云贵高原地形复杂，多为高山峡谷，植被高度覆盖，交通极为不便，煤炭资源调查和勘查程度相对比较低。西部煤炭地质勘查空白区相对于东部较多，其勘查程度低，开发工作滞后，经济可采储量严重不足，具有重要的勘查潜力。因此，煤炭地质勘查要以新的成矿理论为指导，采用先进的勘查技术手段和设备，对该类型地区进行研究，及时准确地发现新的煤炭资源，为国家经济安全发展提供新型能源基地。

（2）东部深部地质条件复杂地区煤矿床精细勘探技术

东部地区煤田地质研究程度高，开发强度大，后备资源短缺，勘查重点转向巨厚新生界覆盖区、推覆体（滑脱构造）下、老矿区深部等区块，勘探难度加大。由于勘查程度低，对深部煤炭资源赋存状况和地质条件掌握程度差。从已进入深部生产的矿井看，随着采煤深度增加，高水压、高地温、高地压、高瓦斯问题日趋严重，地质构造愈来愈复杂。未来深部矿井均是高产、高效矿井，为开发利用深部煤炭资源、将开发风险降到最低限度，必须掌握煤矿区、矿井尤其是采区、工作面的地质条件。为此，应以物探方法为先导，配合基础地质勘查手段，结合其他勘探手段，提高深部煤岩层精细构造和灾害源探测能力与精度。同时，建立健全完善的地热、地压、水压、瓦斯安全预警系统。

（3）中西部大型煤炭基地资源勘查、矿井建设、煤炭安全开采和环境保护四位一体化勘查技术新体系

新型煤炭勘查既要考虑资源量，又要考虑矿井建设以及多种能源利用情况和对于生态环境的影响，是一种资源勘查、矿井建设、煤炭安全开采和环境保护四位一体的综合模式。而现今由于历史和经营管理体制等原因，影响了四位一体化进程，应在西部大型煤炭基地加大推广资源勘查、矿井建设、煤炭安全开采和环境保护四位一体化勘查技术体系。此外，煤炭地质勘查也是煤、气共采的基础。煤田勘查应坚持统筹规划、协调开发的原则，从普查阶段开始就将煤层气勘查评价与煤炭勘查有机结合起来，统一部署、同时设计、同时组织施工，进行一体化勘探、综合评价。

8.3　煤炭资源勘查关键技术与发展重点

目前，我国煤炭地质勘探技术主要包括地质填图、钻探工程、地球物理勘探以及遥感技术。其中，地质填图是地质工作的基本技术手段，是煤炭资源勘查最为基础的工作。在中国西部地表岩石出露较好，大范围的煤田地质填图应充分利用遥感手段。钻探工程是煤炭地质勘查中最普遍，也是最直观的技术手段。地球物理勘探（物探）是以不同地质体所具有的不同物理性质（密度、磁性、电性、弹性和放射性等）为基础，采用相应仪器接收，进而研究天然或人工的地球物理场变化，以寻找、勘查煤矿床和解决某些地质问题的一类勘探手段，是当前煤炭资源勘查特别是生产保障勘查工作中必须发展的技术。

新时期，煤炭资源勘查的关键技术是建设立体的信息化的空-天-地一体的煤炭地质综合勘查技术体系，涵盖煤炭资源遥感技术、高精度地球物理勘查技术、快速综合钻探技术、以三维地震为核心的安全生产地质保障技术、煤炭资源勘查信息化技术、基于"3S"集成技术的安全高效矿井地质条件预测技术6个方面。

（1）煤炭资源遥感技术

遥感技术提供的图像数据，一方面可以提供高分辨率、高精度定位的立体观测地貌，可在前期踏勘阶段准确、迅速地查明地形、地貌、露头岩性组合和覆盖区地下构造的基本形态及地层、断层延伸走向等方面的信息；另一方面可以利用其与地表、地下信息的相关关系，作为普查勘探的信息源。在野外，将遥感（RS）、地理信息系统（GIS）及全球定位系统（GPS）（所谓的"3S"）技术相结合，可以很清楚、直观地利用彩色立体观测地貌图进行跑点定位。

将遥感技术应用于煤炭资源调查，大多局限于小比例尺的研究范畴，大比例尺（大于等于1：5万）的地质调查还需做进一步努力，需逐步完善煤炭资源调查遥感探测模式、工作流程和技术方法体系。

（2）高精度地球物理勘查技术

我国聚煤盆地类型多样，构造十分复杂，煤炭地质工作的难度很大。在煤田地质勘探的预查、普查、详查和精查阶段一般采用的都是二维地震勘探方法，只有在生产阶段和精查勘探的首采区才采用三维地震勘探。地震勘探是利用地震学的方法通过研究人工激发的弹性波在不同地层中的传播规律（包括波速、波的衰减、波形以及在界面的反射和折射等）来分析地层埋深、构造形态以及岩性组成等的一种地球物理方法。地震勘探的生产工作，大体上可分为 3 个环节：野外资料采集、室内资料处理和资料解释。地震资料解释就是将地震资料处理获得的地震时间剖面进行分析，最终将其转化为地质成果的过程。煤田地震勘探目前主要还是进行构造解释，岩性解释仍然处于研究和发展阶段。

地球物理探测技术用于矿井地质条件探查，是近几十年发展起来的探测技术之一，主要是通过开展高精度磁法勘探来预测矿体、划分大地构造单元、圈定岩体和断裂（如大型侵入体的分布及规模、喷出岩的范围、大断裂及破碎带的位置等）、研究基底起伏和固定含煤远景区、预测煤层自燃区边界等。

（3）快速综合钻探技术

煤炭勘查体系中，以钻探技术为主的技术系统是煤炭资源勘查的关键技术系统。钻探技术是通过机械回转或冲击，利用机械碎岩方式向地下岩层钻进的一种地质勘查方法。

根据我国煤炭地质复杂、含煤区多样性的特点，应因地制宜地发展研究多种钻进工艺，如空气泡沫钻进工艺、潜孔锤反循环钻进工艺、气动潜孔锤钻进工艺、液动冲击回转钻进工艺、受控定向钻进技术等。

（4）以三维地震为核心的安全生产地质保障技术

三维地震勘探技术提高了煤矿采区的勘探精度，不仅可以优化采区设计，降低地质风险，而且能够优化综采面布置，降低支护成本，减少矿井施工的盲目性，成为安全高效矿井建设的有力地质保障。相对二维地震勘探技术而言，三维地震勘探技术有如下优点：数据齐全完整，准确可信；偏移归位准确，横向分辨率高，利于复杂构造和小构造的研究；地震反射波对振幅有更大的保真度，利于地层岩性的研究；资料解释的自动化及人机交互解释系统的发展使资料解释精度高。本技术开发的工作重点是根据煤矿大型机械化程度的提高和高产、高效开采的需求，以查清大于等于 3m 断层和裂隙带、煤层顶底板岩性和煤层厚度、瓦斯赋存特征及含水层和矿井突水通道为目标，开展采区三维地震勘探试验，进行三维地震信息的构造解释和岩性反演分析研究，为煤矿高产、高效提供地质保障。

（5）煤炭资源勘查信息化技术

应充分结合煤田资源勘查、开发的生产实际与工作方法，考虑具体地测空间信息的特点，开发设计适合煤田资源勘探、煤矿开采的功能需求的软件开发平台。深入开展煤炭勘查地测空间信息系统关键技术的研究。考虑煤炭地质勘查、数字地质报告编制信息化及对信息共享的迫切需求，实现大量数据处理、图形图件制作、信息交流的自动化。充分利用网络技术，实现不同部门间信息的共享化。

（6）基于"3S"集成技术的安全高效矿井地质条件预测技术

"3S"技术是全球定位系统（GPS）、遥感（RS）和地理信息系统（GIS）的总称，集成 GIS、RS 和 GPS 技术，构成了整体、实时和动态的对地观测、分析和应用的运行系统。"3S"技术的整体结合，构成高度自动化、实时化和智能化的地理信息系统，是空间信息适时采集、处理、更新及动态过程的现势性分析与提供决策支持辅助信息的有力手段。应通过矿山地质工作与"3S"技术的结合，进行矿区的多源、多维、多时相空间与资源环境信息的获取，对矿区所有的地质数据建库、处理、综合评价及量化预测分析。通过对矿井开采地质条件（如沉积环境、地质构造、煤层厚度、顶底板岩层稳定性、瓦斯等）进行综合评价研究，建立地质条件数据库。通过对地质异常体如断层、陷落柱、煤层薄化带、古河床冲刷带的预测预报研究，建立预测评价软件系统和地质信息处理系统，为综采设计、设备选型、预测回采工作面的生产效率提供地质数据和分析判断，从而对回采工作面地质异常及诱发工程灾害源进行实时预测预报。例如，应用遥感资料进行矿山管理，以多年来实测的煤矿开采区地物光谱数据为其理论依据，开展遥感技术在煤火区探测、矿区突水预测、控制开采区塌滑流（塌陷、滑坡、泥石流）发生和发展的地裂缝监测以及煤炭资源开发引发的地面塌陷造成的土地破坏、地貌变化、植被破坏和矸石山污染等方面的监测方法及应用。

我国煤炭资源综合勘探与地质保障技术发展路线（至2030年）见图8-1。

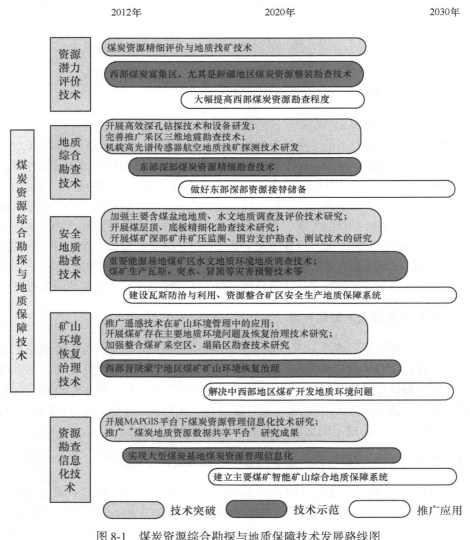

图 8-1　煤炭资源综合勘探与地质保障技术发展路线图

第 9 章 中国煤炭资源可持续开发战略与对策

9.1 战略内涵

煤炭是中国的主体能源。煤炭资源量是制定煤炭资源战略所依赖的最直接的基础。煤炭资源战略制定的首要条件就是立足于资源，没有资源，一切皆无从谈起。煤炭资源的可持续开发不仅涉及我国能源可持续发展问题，同时攸关我国未来能源安全、生态安全和社会经济发展。

我国地质构造复杂、地质灾害严重、影响范围广，煤炭安全、绿色、高效开采对煤炭资源勘查的精度和地质保障能力提出了更高的要求。然而，我国目前基础地质研究相对薄弱，经费投入不足，高端人才短缺，煤炭资源精细勘查程度低，可供建设大型矿井的精细储量少。这些问题不仅制约了煤炭地质勘查业的发展，也严重影响了煤炭资源的可持续开发。今后，在继续加强东部伸展型煤田与矿区深部构造找煤研究的同时，加强中西部恶劣自然条件下煤炭资源勘查和煤矿安全生产保障勘查、矿区环境监测与治理地质勘查、煤层气和新的洁净能源勘查等工作，建立和完善不同资源类型、不同地质和自然条件下的资源评价体系和综合勘查技术模式，提高煤炭资源保障能力，是加快大型煤炭基地建设、提升煤炭产业发展水平的需要，也是保障煤炭安全、绿色、高效开采，推进煤炭生产和利用方式深刻变革的需要。

随着煤炭需求的不断增长，我国煤炭资源开发也不断面临新的形势和问题。东部地区资源储量少，资源利用率已经很高，浅部开采地质条件好的资源已经利用，煤炭产能、环境容量已经接近极限，且进一步深部开发缺乏保障。一旦东部地区可采煤炭资源完全枯竭，遇中西部突发事件，东部煤炭供应将缺乏保障。在当前我国政治、经济、文化中心均位于东部地区，而东部地区煤炭资源又极为紧缺的情况下，维持我国东部地区煤炭稳定可持续供应应成为当前我国能源安全甚至国家安全战略的重中之重。在中西部地区找水比找煤更为紧迫，也更为困难，矿区建设面临找水、水资源综合利用和水权配置难题。中西部地区煤炭资源开发带来一系列的生态环境问题，加剧了当地生态环境的恶化且历史欠账较多。脆弱的生态环境基底及大规模开发造成的生态环境持续恶化，影响中西部煤炭资源可持续开发利用甚至我国的生态安全。与此同时，借力西部大规模的煤炭资源开发，促进边疆民族地区社会经济发展，对于维护政治稳定和国家安全具有重要意义。

9.2 战略布局

基于我国煤炭资源和水资源条件以及资源开发所面临的多重约束和影响，根据

"井"字形区划格局，新形势下我国煤炭资源开发的布局战略应该调整为"保护与减轻东部，稳定开发中部，加快开发西部"。

（1）保护东部煤炭资源，加快减轻开发强度

1）东北区。东北地区是我国老工业基地，煤类齐全、煤质优良，但由于开采历史较长，强度较大，赋存条件逐渐变差，剩余资源量逐步减少，特别是浅部的资源量更少，已进入深部开采阶段。随着东北地区老工业的振兴，其对煤炭资源的需求尤其是对于炼焦用煤的需求量也不断攀高。但目前区内煤炭产能远不能满足自身需求，因此急需从其他区域大量调入煤炭资源。东北区煤炭资源主要集中于黑龙江，辽宁和吉林两省的煤炭资源基本面临枯竭。综合东北地区的区位优势，东北地区煤炭资源开发重点今后将向蒙东地区转移。

2）黄淮海区。黄淮海区域经济发达，煤炭资源需求量大。但煤炭资源较为匮乏，除冀、鲁、豫、皖仍具有一定的资源开发潜力外，其他省份煤炭资源基本枯竭，区域生产能力远不能满足本地区的能源需求。同时，黄淮海区资源条件相对较好的省份，煤炭资源开发利用率较高，浅部开发条件好的煤炭资源已经基本占用，部分矿区甚至已经开发殆尽，且面临"三下"压煤和较为严重的环境破坏问题，深部开采又面临严重的地热问题，安全保障程度较低。然而，根据国家大型煤炭基地规划，该区主要包括冀中、鲁西、两淮和河南四大煤炭基地，四大煤炭基地还部分担负着向京津冀、中南、华东地区供应煤炭的重要任务。因此，区域资源形势极其严峻。其中冀中基地、鲁西基地和河南基地要重点做好老矿区接续，稳定煤炭生产规模；两淮基地可适度加快开发建设，提高煤炭生产和供应能力。

3）东南区。东南区所含的华南省份是我国经济发达地区和煤炭消费重心，煤炭需求量较高；但煤炭资源严重匮乏，资源丰度很低，除湖南、江西等省仍具有一定的资源潜力外，其他省份的煤炭资源基本枯竭。因此，该地区将始终面临尖锐的供求矛盾。同时，由于该地区煤田构造地质条件、水文条件等开采环境相对复杂，绝大部分资源只宜建设小型矿井，煤炭资源开采的安全高效基本无保证，但区域煤炭资源又长期处于超强度开采状态，且小矿点数目较多，环境破坏比较严重。因此，东南区应尽快实施煤炭资源保护性开发。

总之，中国东部地区煤炭产能已经接近极限。中国的煤炭资源开发绝对不能再高强度开发东部，不能延续"稳住东部地区煤炭生产规模"的战略思路和发展道路。现有的东部煤炭资源开发模式难以为继，应转向区域保护，并加快减轻煤炭资源开发强度。

（2）稳定中部煤炭资源开发规模

我国中部晋陕蒙（西）宁区煤炭资源高度富集，是当前煤炭资源开发的重点区域，也是我国煤炭基地集中分布的中心区域。根据国家大型煤炭基地建设规划，该区主要包括晋北基地、晋东基地、晋中基地、黄陇基地、陕北基地、神东基地、蒙东基地的蒙东地区以及宁东基地8个煤炭基地。区内的8个大型煤炭基地，不仅是我国优质动力煤、炼焦煤和化工用煤的主要生产基地，担负着向华北、华东、中南、东北、西北等地区供应煤炭及"西煤东运"和"北煤南运"的调出基地等功能，而且也是"西电东送"北部通道的煤电基地。

1）蒙东区。蒙东地区煤炭资源储量规模较大，主要赋存为煤层埋深浅的低变质褐煤，发热量低，用途单一（主要为动力煤）。该区多为草原和沼泽地貌，原始生态环境良好，但草原生态十分脆弱。煤炭资源开发面临资源开发与草原生态保护的问题和褐煤提质的问题。该区应属于适度开发区域。根据国家大型煤炭基地规划，蒙东大型煤炭基地主要承担的功能是满足东北三省和内蒙古东部煤炭供需平衡，以减轻山西煤炭调入东北的铁路运输压力。因此，需着力减轻东北三省煤炭生产规模，在维持黑龙江现有煤炭资源生产水平和辽、吉两省保护性限采的基础上，应逐步稳定对于蒙东地区的煤炭资源开发强度，增加对东北三省的补给能力，使东北地区的开发重点逐步由东向西转移。

2）晋陕蒙（西）宁区。该区是当前我国煤炭资源开发的重点区域；随着国家西部大开发战略的实施，该区对于资源的需求不断增大。由于该区煤炭资源集中度高，资源量大，其生产能力不仅能满足当地对于煤炭资源的需求，同时也承担着向东部地区输出煤炭的重要任务。该区资源集中度高，煤炭资源储量大，煤层埋藏较浅，构造地质条件、水文条件相对比较简单，开发条件好，不少区域甚至适宜露天开采，开采条件基本属于全国最优之列。但主要富煤区位于沙漠边缘，水源匮乏，水土流失严重，生态环境十分脆弱。因此，该区煤炭资源开发以建设大型煤炭基地为主，在处理好水资源和生态环境保护的前提下，可以适当加大煤炭资源勘查开发的力度，通过建设特大型现代化露天矿和矿井，把建设大型煤矿和整合改造小煤矿结合起来，提高煤炭生产和供应能力。黄河以东的山西煤炭生产规模应稳住现有生产水平。黄河以西地区煤炭生产规模可以适当增长。晋中基地是我国最大的炼焦煤生产基地，对于该地区的优质炼焦煤资源应实行保护性开发。

3）西南区。该区是我国南方煤炭资源比较丰富的区域，煤炭资源主要集中于云南和贵州两省，川东和重庆地区也有少量资源分布。大型煤炭基地主要包括云南、贵州和四川的古叙、筠连矿区，其余为非大型煤炭基地矿区。西南区是我国经济发展相对落后的地区，但川东和重庆的煤炭需求量较大，煤炭产量远不能满足需求，需要大量调入，因而该区域也是"北煤南运"的主要目的地之一。根据云贵基地规划，云贵基地主要向西南、中南地区供应煤炭，也是"西电东送"南部通道煤电基地（主要是贵州煤电基地外送广东电力）。贵州、云南煤炭产能增长有一定潜力，但云南、贵州等地煤炭资源开发主要受开采地质条件（高瓦斯、地质灾害易发）和煤质（高硫和砷）问题影响，且区域酸雨问题严重。为了减少大气污染，控制高硫煤的产能是首选措施，应选择低硫煤和中硫煤进行开采。同时，要大力发展脱硫技术和硫的综合利用技术，最大限度地减少高硫煤利用引起的污染物排放，减少大气污染和土壤污染。由于该区也是我国煤矿安全生产岩溶水害问题相对突出的地区，在煤炭资源开采过程中，应注重地下水资源的保护工作。因此，西南地区煤炭资源开发应基本保持以贵州为重心、辐射邻近省份的基本自给自足的开发格局。其中，四川和重庆地区需采取保护性限采措施，贵州和云南两省基本可以保持稳产，适度加快开发建设。

中部，特别是晋陕蒙（西）宁地区，是我国煤炭资源的主要调出基地。伴随着社会、经济发展的需要，我国煤炭资源开发格局面临重新调整，开发重心将逐步向中西部转移。中部煤炭资源丰富，但受多重条件制约，尤其是晋陕蒙（西）宁地区受区域极为短缺的水资源和脆弱的生态环境基底约束，因而需要在保护生态环境的前提下，稳定中部煤炭资源的开发规模。

（3）加快西部煤炭资源开发步伐

1）北疆区。西部煤炭资源主要集中于北疆区（新疆为第十四个国家大型煤炭基地）。该区煤炭资源集中度高，资源量大，构造地质和水文地质条件相对简单，但由于交通状况、经济水平不甚发达，煤炭资源的勘查开发程度以及利用率均相对较低。因而该区煤炭资源开发前景广阔。新疆地区将是未来一段时期内我国煤炭资源开发的重点区域。对于该区，在做好生态环境保护的前提下，要优先完善其交通基础设施，加快区域煤炭资源的勘查和开发力度。值得指出的是，新疆的煤炭资源是最后一块处女地，是我国重要的能源接替区和战略能源储备区，但目前新疆的煤炭资源开发还需要系统科学规划。国家相关管理部门要站在高起点，通盘审视新疆煤炭资源开发的生态环境和社会经济影响，从国家安全大局、能源安全和经济与社会可持续发展的角度出发，有规划、有步骤地开发。

2）南疆-甘青区。青藏高原地区由于冻土比较发育，生态环境相对脆弱，高强度的煤炭资源开发极易对冻土结构造成破坏。在对高原生态环境认识不清晰的情况下，出于生态安全和环境保护方面的考虑，其煤炭资源开发力度应维持在较低水平。甘肃可以适当发展，但当地资源开发应主要服务于西部能源走廊通道建设的需要。

3）西藏区。该区域赋存煤炭资源少，且处于生态极度脆弱的高原地带，应禁止开发。

我国西部地区，特别是新疆地区，是多民族地区，发展少数民族地区经济和维护社会稳定是国家安全和社会和谐发展的需要。带动中国西部发展最好的途径之一，一定是通过能源。西部地区煤炭资源开发的战略地位不仅具有能源、资源意义，更具有经济意义、社会意义甚至国家安全意义。借力煤炭资源开发，推进西部边疆民族地区的区域经济发展，维护区域社会政治稳定，需要系统地规划西部煤炭资源的开发。

9.3　战略重点和实施路径

9.3.1　重点战略目标

（1）2020年

1）实现新增煤炭探明储量不低于1500亿t；

2）东部煤炭资源保有量下降幅度较低；

3）大型煤炭基地勘探阶段的地质勘查任务完成率达到100%；

4）重点煤矿实现地质资料数字信息化，煤炭资源与水资源数据实时共享；

5）煤矿地质环境恢复治理方案的勘查设计率达到80%；

6）培育4~5家具有国际竞争力的煤炭资源勘查开发企业。

（2）2030 年

1）新增煤炭探明储量不低于 2000 亿 t；

2）东部煤炭资源保有量实现稳定；

3）所有投产和在建矿井勘探阶段的地质勘查任务完成率达到 100%；

4）已有运行煤矿全部实现地质资料数字信息化，煤炭资源与水资源数据实时共享；

5）煤矿地质环境恢复治理方案的勘查设计率达到 100%；

6）建设 1~2 家具有领先优势的跨国煤炭资源勘查开发企业。

9.3.2　战略实施路径

（1）圈定资源开发的潜力区块，统筹安排区域开发时序

未来煤炭生产的格局，需要根据生态承载能力的地域差异，圈定煤炭资源开发的潜力区块，统筹安排煤炭区域开发时序。

1）一级潜力区块。山西、陕西、内蒙古、新疆 4 省（自治区）因煤炭资源高度集中，保有资源绝对量大，且剩余资源量（超过 1000 亿 t）占绝对优势，被认为是当前及未来一段时期内煤炭资源勘探开发的一级潜力区块，其中陕西、内蒙古、新疆等地勘探力度还需加大。

2）二级潜力区块。宁夏、贵州、云南、河南、河北剩余资源量相对较多（超过 200 亿 t），但远不如山西、陕西、内蒙古、新疆 4 省（自治区），为二级潜力区块。

3）三级潜力区块。黑龙江、山东、安徽、川东、甘肃剩余资源量相对较少，均低于 200 亿 t，为三级潜力区块。

4）南方 7 省贫煤地区为关停与保护区。

（2）加强东部深部资源勘查，加快中西部资源勘查与评价

加强煤炭资源勘查工作，构建涵盖资源调查、矿井建设、安全生产、环境保护全过程的地质综合勘查技术体系。加强煤炭地质边远空白区基础研究工作，重点开展新疆中生代煤盆地和柴达木等盆地地层、构造、沉积、煤质和聚煤规律综合研究。加强我国煤炭资源特性研究，重点做好大型煤炭基地和特殊稀缺煤种资源的勘查评价，为洁净煤技术发展提供煤质和煤岩学基础地质保障。加快东部深部煤炭资源勘查，开展深部煤炭资源开发地质理论和关键技术研究，增强东部地区深部资源开发的资源勘查、技术储备和科技装备水平。加大中西部地区资源勘查工作力度，大力推广满足煤炭资源精细勘查要求的综合勘探技术，推进三维地震、磁电、遥感、钻探工艺等勘探技术创新和煤炭地质勘查主流程信息化，通过提高煤层赋存条件的勘探精度、进行精细勘查以满足井工综合机械化、自动化开采的需求，提交能够建设现代化大型矿井的煤炭资源储量，为大型煤炭基地建设的资源开采提供可靠的地质保障。

（3）建立煤矿区水资源和环境地质保障系统，实现高产、高效矿井地质保障预警

在煤炭资源勘查中，要进一步加强对水资源、工程地质条件的勘查，详细查明煤层与含水层、隔水层的空间组合形态及特性，做好国家大型煤炭基地水资源、生态环境地质调查，为煤炭工业战略西移创造条件。同时，建立高产、高效矿井地质保障预警系统，优先发展高产、高效矿井地面和井下物探技术与技术装备，开展高产、高效矿区地质条件系统评价理论、技术和方法研究，通过对涉及煤矿安全生产的构造、瓦斯、地下水、煤尘、煤火、顶底板的探明和准确评价，逐步建立矿井（工作面）地质条件预测评价及地质安全保障系统，灾害预防评价的地质勘查深度满足相关煤矿建设需要，为煤矿安全、高效生产提供地质保障。

(4) 实施东部资源保护性限采，安排重点省份、重点矿区退出煤炭生产序列

东北地区辽、吉两省煤炭资源应采取一定的保护性限采措施，东北老矿区逐步实施产业转型。今后东北三省的煤炭资源需求优先考虑从蒙东和关内及蒙古和俄罗斯等国调入和进口。黄淮海地区除冀、鲁、豫、皖4省须采取保护性限采措施以外，其他省份的煤炭资源停采已迫在眉睫，小型的煤矿区或产地也应予以兼并或取缔。该地区煤炭资源的旺盛需求需采取加大中西部煤炭资源的陆路运输调入以及开辟近海或浅海区煤炭资源就地利用等措施予以缓解或解决。东南区所含的华南省份近期除湖南、江西可采取保护性限采以及小型煤矿的兼并整合措施外，应安排浙江、福建、湖北、广西等省（自治区）加快关停，加快退出煤炭生产序列。东南区煤炭资源供需缺口需长期通过中西部煤炭资源的长距离调入和通过加大海外煤炭资源进口来弥补。例如，选择距离中国大陆较近的越南、印度尼西亚、澳大利亚等煤炭资源较为丰富的国家开展煤炭项目合作，可以在缓解东南沿海地区煤炭供需紧张的同时，助力我国煤炭工业"走出去"战略的实施。

(5) 实现矿区煤炭资源与水资源综合配置，加大节水、配水和矿井水资源化工作力度

在东部矿区实施矿井排水、供水、生态环境保护三者的优化结合，关闭矿区地下水系统的部分开采井孔，停止它们向各种用户的供水功能，而这部分需水用户由经过各种水质处理的矿井排水和矿井地面抽水孔（井）来供给，在保障矿井安全生产的同时，保护矿区水资源和生态环境系统。在缺水中西部矿区实施矿井采煤、保水、生态环境保护三者的优化结合；针对中国西北地区煤炭资源特点，应在详细查明含煤区地质特点的基础上，优化区域性煤炭工业保水开采规划，划分保水开采地质条件分区，给出适合各分区地质条件的采煤方法；加快研发和推广矿区煤炭资源与水资源协调开采技术，从而做到采煤与保水、生态保护并举。加大推广矿井水资源化利用，合理定位各地区矿井水综合利用方法、利用能力和关键方向。对于华北、西北等严重缺水且矿井水大部分为苦咸水地区，应重点进行矿区苦咸水淡化，以解决矿区职工及周边居民日常生活用水问题；对于西南地区，矿区局部缺水，可经矿井水净化处理，作为生产、生活用水；对于其他雨水相对充足区，主要是加快建设矿井水净化处理能力，提高矿井水利用率，矿井水利用可采取先工业用水、后饮用水的顺序进行。统筹协调西部煤炭资源开发和地方社会与经济发展用水，编制通盘规划，实施农业、工业节水，加大水权配置力度，使水资源的管理、用水管理和节水工作进一步进入法制化轨道，在水资源保护、水资源配置、矿井水处理与综合利用等方面制订严格的准入条件，实现煤炭资源与水资源开发利用的合理配置。

9.4 政策建议

（1）深化煤炭地质勘查工作改革与管理，加大煤炭地质勘查工作投入

当前占一次能源消费总量 70% 左右的煤炭的地质勘查经费投入远远低于占全国能源消费总量 20% 的油气资源。煤炭地质工作的地位与目前煤炭的主体能源地位并不相称，难以保障煤炭资源的开发与科学利用。应突出煤炭地质勘查在矿产资源勘查工作中的核心地位，构建政府基金引导、煤炭企业投入、社会资金参与的多元化煤炭资源勘查投入机制。建议中央财政预算加大安排专项资金投入，用于煤炭资源基础性、战略性地质勘查的需要，对改善煤田地质勘查技术装备给予资金支持，促进煤炭地质勘查效率与质量的提升。完善煤炭资源勘查管理体制，健全市场准入制度，推进矿业权制度改革，探索煤炭地勘企业与煤炭开采企业共赢发展途径。完善煤炭地质勘探规划体系，加强重点区域、稀缺煤种和危机矿山资源接续的地质勘探规划编制工作，提高规划编制的科学性。建立健全煤炭地勘专业人才培养选拔和激励机制，培育一支具有国际竞争力的专业人才队伍。充分利用"两种资源、两个市场"，完善外资参与煤炭地质勘查开发政策，鼓励引进先进的勘查技术、装备；支持我国地勘企业"走出去"，建立海外煤田地质勘探基础数据库，为我国企业"走出去"提供地质数据保障，拓展煤炭地勘领域开放的广度和深度。

（2）重视找煤与资源勘查基础工作，建设立体的信息化的空–天–地一体的煤炭地质综合勘查技术体系

支持具备找煤条件的南方缺煤省份、西部边远空白区的煤炭地质勘查，提供一批新的后备资源基地。鼓励开展中东部地区深部煤层资源赋存规律、深部高效找矿和快速勘探技术的研究。重点支持中西部煤炭基地资源精查、详查工作，通过提高煤层赋存条件的勘探精度、进行精细勘查以满足井工综合机械化、自动化开采的需求，为我国大型煤炭基地建设提供可靠的地质保障。中西部地质勘查工作实施煤、水资源、气并重的方针，将煤矿区煤炭资源、水资源和生态环境调查评价统一列入国家和省级地质勘查规划，当务之急是加强地下水资源评价和勘查工作，进一步摸清矿区地下水资源状况；加大煤层气等共、伴生矿产的综合勘探开发，从煤炭与煤层气综合勘查规范与执行、煤层气资源勘查程度与产能基地建设、煤层气有利区地质评价与规范性方法、煤炭与煤层气矿权叠置及开采时空接替规划等方面着手，积极推进煤炭和煤层气综合勘查、协同开发和综合利用。

（3）引导资源开发重心向西转移，实施保护性限采东部资源的措施

连续数十年高强度的开采，特别是我国东部和南部地区，开采已达极限，产量难以维持。对此要加大宣传，形成国家层面危机意识，珍惜东部煤炭资源。煤炭工业发展"十二五"规划虽然提出"控制东部"（中华人民共和国国家发展和改革委员会，2012)，仍需进一步明确向保护东部煤炭资源的战略方向转变，调整开发战略布局管理

和规划政策，明确和优化东部"保护性限采，加快减轻开发强度"的开发布局，引导资源开发战略重心西移。东北辽、吉两省应实施保护性限采政策，黑龙江开采条件受限，产能不宜扩大，应加大东北老矿区产业转型政策支持力度；黄淮海地区冀、鲁、豫、皖4省须采取保护性限采政策，加快其他省份的资源停采工作，小型的煤矿区或产地应予以兼并或取缔；东南区除湖南、江西可采取保护性限采以及小型煤矿的兼并整合措施，强制安排其他省份煤矿陆续关闭，加快退出煤炭生产序列。我国东部煤炭资源的需求缺口应积极寻求扩大进口来解决，一方面应出台财税措施鼓励相关企业"走出去"，加大海外煤炭资源勘查开发的力度，建立海外煤炭生产、开发基地，争取资源权益和份额；另一方面，在条件成熟的情况下，可以借鉴石油储备的相关经验，集中建立我国沿海地区优质进口煤基地，逐步扩大进口储备规模。

（4）建立全国性不同层级的煤炭资源动态管理信息系统，实现煤炭资源管理的实时、动态、互联与协调

加强煤炭资源标准化体系建设，加强煤炭资源统计与储量核查工作，健全资源动态管理机制。结合全国新一轮煤炭资源评价结果，收集整理煤炭资源属性和图形数据，根据国家宏观决策部门需要，适应广大用户需求，以GIS系统为平台，研究、应用大型数据库技术和网络技术，建立和完善国家、省和煤炭基地（矿区）不同层级的煤炭资源信息和预警系统，实现煤炭资源管理的实时、动态、互联与协调，为国民经济宏观决策提供准确的、科学的、适时的煤炭资源数据。

（5）优化煤炭资源与水资源的综合配置，建立节水-配水-保水一体化管理机制

加强对煤矿区地表水和地下水资源的科学管理和合理利用，特别是对矿区重要的区域性含水层的保护；鼓励多渠道资金投资矿区水源和水利设施建设，从财税制度上鼓励矿区矿井水和其他污水处理后回用，保证投资主体在取水或供水的费用中得到优惠和补偿。西北地区煤矿企业节水技术改造量大、面广，技术难度高，煤矿区综合节水技术的研究开发应在科研经费中予以重点安排。加大矿区水资源再造和联合调度模式与配套技术设备的研究推广力度，将中西部矿区水资源综合配置作为重点管理方向。在要求煤炭资源开发地区加强水资源和水系统建设的同时，完善中西部煤矿区（尤其是西北地区）管水、用水、节水的法律法规和标准；在《中华人民共和国煤炭法》等相关法律的条文中明确煤炭资源与水资源的开发与保护，规范矿区取水、用水行为，在水资源保护、水资源配置、矿井水处理与综合利用等方面制订严格的准入条件；在水权配置上应对煤炭资源开发予以保证，在用水政策上予以倾斜，为合理开发水资源短缺区煤炭资源提供机制保障。

（6）将西部边疆民族地区煤炭资源开发上升为西部大开发国策，制定与社会经济发展和政治稳定相协调的开发策略与政策

建议国家将新疆等西部边疆民族地区的煤炭资源可持续开发上升为我国西部大开发国策并予以明确，建立国家西部煤炭资源开发工作领导小组，统一制定与西部社会、经济发展和政治稳定相协调的煤炭资源开发策略与政策。对于西部边疆民族地区的煤炭资源可持续开发，应从缩小地区和民族差距出发，强制性提取一定比例的煤炭销售收入用于支持当地少数民族地区社会、经济发展，鼓励和培养少数民族群众在矿区就业；应统筹安排资源开发和基础设施建设项目。在着力加强西部煤炭勘探开发和运输通道能力建设的同时，可以把资金和技术集中投入西部循环经济和生态建设、地方投资环境改善方面，利用煤炭工业带动沿线及周边地区经济、农村经济跨越式发展，加快新疆等西部边疆民族地区的开发，既促进当地经济发展又在一定程度上保障当地社会稳定。

参 考 文 献

巴巴拉·弗里兹 . 2005. 煤的历史 . 时娜译 . 北京：中信出版社 .

崔君鸣，常毅军 . 2010. 中国能源保障与煤炭新格局的形成 . 北京：煤炭工业出版社 .

崔龙鹏 . 2007. 对淮南矿区采煤沉陷地生态环境修复的思考 . 中国矿业，16（6）：46-49.

国家发展和改革委员会能源局，中国煤炭地质总局 . 2006. 大型煤炭基地煤炭资源水资源和生态环境
　　综合评价报告 . 北京：国家发展和改革委员会能源局，中国煤炭地质总局 .

国家发展和改革委员会能源局，中国煤炭工业发展研究中心 . 2006. 煤炭工业发展"十一五"规划重大
　　课题研究报告 . 北京：国家发展和改革委员会能源局，中国煤炭工业发展研究中心 .

国家环境保护总局 . 2004. 全国生态环境现状调查报告 . 环境保护，（5）：13-18.

国家煤矿安全监察局 . 2010. 2010 中国煤炭工业年鉴 . 北京：煤炭工业出版社 .

国家统计局 . 2010a. 中国统计年鉴 2010. 北京：中国统计出版社 .

国家统计局 . 2010b. 中国能源统计年鉴 2010. 北京：中国统计出版社 .

国家统计局 . 2011. 中国能源统计年鉴 2011. 北京：中国统计出版社 .

国家统计局，环境保护部 . 2010. 中国环境统计年鉴 2010. 北京：中国统计出版社 .

贺天才，秦勇 . 2007. 煤层气勘探与开发利用技术 . 徐州：中国矿业大学出版社 .

胡秉民，王兆民，吴建军，等 . 1992. 农业生态系统结构指标体系及其量化方法研究 . 应用生态学报，
　　3（2）：144-148.

胡德胜 . 2010. 美国能源法律与政策 . 郑州：郑州大学出版社 .

焦立新 . 1999. 评价指标标准化处理方法的探讨 . 安徽农业技术师范学院学报，13（3）：7-10.

金世雄，牟相欣 . 1997. 中国煤炭资源形势分析及合理开发利用 . 北京：地质出版社 .

李东英 . 2004. 西北地区水资源配置生态环境建设和可持续发展战略研究（工矿卷）：西北地区工矿资
　　源开发的用水对策研究 . 北京：科学出版社 .

李美娟，陈国宏，陈衍泰 . 2004. 综合评价中指标标准化方法研究 . 中国管理科学，（12）：45-48 .

莽东鸿，等 . 1994. 中国煤盆地构造 . 北京：地质出版社 .

毛节华，许惠龙 . 1999. 中国煤炭资源预测与评价 . 北京：科学出版社 .

濮洪九 . 2010. 中国煤炭可持续开发利用及环境对策研究 . 北京：中国矿业大学出版社 .

钱正英，陈志恺 . 2004. 西北地区水资源配置生态环境建设和可持续发展战略研究（水资源卷）. 北京：
　　科学出版社 .

水利部南京水文水资源研究所 . 1999. 21 世纪中国水供求 . 北京：中国水利水电出版社 .

孙文洁 . 2012. 煤矿开发对水环境破坏机理和评价及修复治理模式 . 北京：中国矿业大学（北京）博
　　士学位论文 .

田山岗，尚冠雄，唐辛 . 2006. 中国煤炭资源的"井"字形分布格局——地域分异性与资源经济地理
　　区划 . 中国煤田地质，18（3）：1-5.

王宏英，葛维奇，曹海霞 . 2011. 中国生态环境可承载的煤炭产能研究 . 中国煤炭，37（3）：10-14.

王建先 . 2002. 水资源可利用量开发利用潜力与承载能力//水利部国际合作与科技司 . 水资源及水环境
　　承载能力学术研讨会论文集 . 北京：中国水利水电出版社 .

王佟，樊怀仁，邵龙义 . 2011. 中国南方贫煤省区煤炭资源赋存规律及开发利用对策 . 北京：科学出版社 .

王佟，等 . 2013. 中国煤炭地质综合勘查理论与技术新体系 . 北京：科学出版社 .

王煦曾，朱槱如，王杰．1992．中国煤田的形成与分布．北京：科学出版社．

徐水师，王佟，谭克龙．2011．现代煤炭地质勘查技术．北京：地质出版社．

约瑟夫·P·托梅因，理查德·D·卡达希．2008．美国能源法．北京：中国法律出版社．

张友伦．2005．美国西进运动探要．北京：人民出版社．

张玉卓，等．2011．中国煤炭工业可持续发展战略研究．北京：中国科学技术出版社．

中国环境监测总站．2004．中国生态环境质量评价研究．北京：中国环境科学出版社．

中国环境与发展国际合作委员会．2009．煤炭可持续利用与污染控制政策．国合会政策研究报告．北京：中国环境与发展国际合作委员会．

中国科学院地理科学与资源研究所陆地水循环与地表过程重点实验室．2012．噬水之煤——煤电基地开发与水资源研究．北京：中国环境科学出版社．

中国煤炭工业发展研究中心，国家能源局煤炭司．2011．全国煤炭生产开发战略研究（2011~2020年）．北京：中国煤炭工业发展研究中心国家能源局煤炭司．

中国能源中长期发展战略研究项目组．2011．中国能源中长期（2030、2050）发展战略研究：节能·煤炭卷．北京：科学出版社．

中华人民共和国国家发展和改革委员会．2012．煤炭工业发展"十二五"规划．北京：中华人民共和国国家发展和改革委员会．

中华人民共和国环境保护部，中国科学院．2008．关于发布《全国生态功能区划》的公告．北京：中华人民共和国环境保护部，中国科学院．

中华人民共和国水利部．2010．中国水资源公报2009．北京：中国水利水电出版社．

BP. 2011. Statistical review of world energy 2011. http：//www. bp. com/statisticalreview［2011-06-20］.

Energy Information Administration. 2009. Annual coal report. http：//www. eia. gov/coal/annual/archive/05842009. pdf［2011-08-12］.

Energy Information Administration. 2011a. Coal. http：//www. eia. doe. gov/fuelcoal. html［2011-11-15］.

Energy Information Administration. 2011b. Coal production in the United States—an historical overview. http：//www. eia. doe. gov/cneaf/coal/page/coal_ production_ review. pdf［2011-02-01］.

Energy Information Administration. 2011c. Energy policy act transportation rate study：interim report on coal transportation. http：//ftp. eia. doe. gov/pub/coal/epact. pdf［2011-09-10］.

Headwaters Economics. 2011. Fossil fuel extraction and Western economies. http：//headwaterseconomics. org/energy/western/maximizing-benefits［2011-08-15］.

Höök M，Aleklett K. 2009. Historical trends in American coal production and a possible future outlook. International Journal of Coal Geology，78：201-216.

Milici R C. 2000. Depletion of Appalachian coal reserves—how soon? International Journal of Coal Geology，44：251-266.

Western Resource Advocates. 2011. Western coal at the crossroads. http：//www. westernresourceadvocates. org［2011-06-15］.

Wikipedia. 2011. Native Americans in the United States. http：//en. wikipedia. org/wiki/Native_ Americans_ in_ the_ United_ States［2011-08-20］.